Rajesh Kumar
Om Prakash Agrawal

Formulações de dietas artificiais para a apicultura comercial na Índia

Rajesh Kumar
Om Prakash Agrawal

Formulações de dietas artificiais para a apicultura comercial na Índia

Nutrição das abelhas

ScienciaScripts

Imprint

Any brand names and product names mentioned in this book are subject to trademark, brand or patent protection and are trademarks or registered trademarks of their respective holders. The use of brand names, product names, common names, trade names, product descriptions etc. even without a particular marking in this work is in no way to be construed to mean that such names may be regarded as unrestricted in respect of trademark and brand protection legislation and could thus be used by anyone.

Cover image: www.ingimage.com

This book is a translation from the original published under ISBN 978-3-659-79838-2.

Publisher:
Sciencia Scripts
is a trademark of
Dodo Books Indian Ocean Ltd. and OmniScriptum S.R.L publishing group

120 High Road, East Finchley, London, N2 9ED, United Kingdom
Str. Armeneasca 28/1, office 1, Chisinau MD-2012, Republic of Moldova, Europe
Managing Directors: Ieva Konstantinova, Victoria Ursu
info@omniscriptum.com

Printed at: see last page
ISBN: 978-620-3-23309-4

Agradecimentos

O. P. Agrawal (antigo vice-chanceler, J.U. Gwalior e antigo diretor da Escola de Estudos em Zoologia) e o Dr. R. C. Mishra (antigo coordenador de projeto, AICPHRT, ICAR, Nova Deli) por me terem sugerido este problema, pela sua orientação hábil e pelo seu imenso apoio ao longo desta investigação.

Devo os meus sinceros agradecimentos à Professora Sangeeta Shukla, Chefe do Departamento, SOS em Zoologia, por me ter proporcionado as instalações necessárias. Expresso o meu profundo sentimento de gratidão ao Prof. D. N. Saksena, ao Prof. A. K. Jain, ao Prof. I. K. Patro, ao Prof. P. K. Tiwari e ao Prof. R. J. Rao, pelo excelente apoio, encorajamento entusiástico e diligência na execução do meu trabalho. Estou sinceramente grato ao Prof. G. B. K. S. Prasad, Diretor da Escola de Estudos em Bioquímica, ao Dr. J. K. Gupta, Entomologista Sénior, YSPU, Solan (H.P), ao Dr. P. K. Chhuneja, Entomologista Sénior, P.A.U. Ludhiana, pelas suas valiosas sugestões e por me terem fornecido instalações de biblioteca. Estou igualmente grato ao Dr. Jasbir Singh Dalio e a Abhishek Walia por me terem ajudado na análise estatística e por terem introduzido melhorias durante a análise crítica do manuscrito. Não posso esquecer de reconhecer a contribuição incondicional e indispensável do Sr. Gajendra Sigh Rajpoot e de Suhail A Ganai, que sempre me encorajaram durante o meu trabalho de investigação.

Devo a minha profunda gratidão à minha amada esposa "Jyoti Jaryal" pelo seu indomável encorajamento e excelente apoio durante a laboriosa tarefa de preparação deste manuscrito. A minha filha "Riddhi Jaryal" é a minha constante fonte de inspiração. A ajuda assídua, o amor sustentado, as bênçãos piedosas e o encorajamento que me foram dados pelo meu pai, Sh. Parmodh Singh Jaryal, e pela minha mãe, Smt. É naturalmente um prazer agradecer aos membros da minha família, o meu Bhaiya Sr. Rakesh Jaryal, a Bhabi Sra. Nisha Jaryal, a Irmã Kiran Katoch e o Jiju Sr. Rajender Katoch, Aditya, Adti e Aayan, que sempre me encorajaram a viver a vida corajosamente e foram os meus pilares de apoio.

Reconheço com gratidão a cooperação e o encorajamento incondicional das minhas queridas e próximas Shailvi, Pallavi e Reenu durante o meu trabalho de investigação. Expresso o meu profundo afeto ao meu amigo Ravi Prakash, SRF, Centre for Genomics, pelo seu valioso apoio e encorajamento durante o meu trabalho de investigação e compilação deste manuscrito. O apoio financeiro concedido pela UGC, Nova Deli, sob a forma de Bolsa de Investigação Júnior de Mérito durante este estudo é reconhecido com gratidão.

Peço ao Todo-Poderoso uma morada celestial para todas as abelhas que fizeram parte deste estudo.

(Rajesh Kumar)

ÍNDICE DE CONTEÚDOS:

Abreviaturas

No.	Abbreviation	Full form
1.	AD	*Anno Domini*
2.	*et al.*	and the rest all
3.	i. e.	That is
4.	etc.	Et Cetera
5.	%	Percentage
6.	Kg	Kilogram
7.	*viz.*	videlicet
8.	gm	Gram
9.	cc	Centimeter cube
10.	w:w	weight by weight
11.	Mg	Magnesium
12.	S. No.	Serial number
13.	W	Weight
14.	V	Volume
15.	DSF	Defatted Soy Flour
16.	cm	Centimetre
17.	Kcal	Kilo-calories
18.	NaOH	Sodium Hydroxide
19.	$CuSO_4$	Copper Sulphate
20.	BSA	Bovine serum albumin
21.	ml	Millilitre
22.	O. D.	Optical Density
23.	RP-HPLC	Reverse Phase High Performance Liquid Chromatography
24.	Min	Minute/Minimum
25.	PDA	Photo Diode Array
26.	r.p.m.	Revolutions per minute
27.	RBD	Randomised Block Design
28.	C.D.	Critical Differences
29.	@	At the rate of
30.	&	And
31.	Qt.	Quantity
32.	Log	Logarithm
33.	cm^2	Centimetre Square
34.	mm	Millimetre
35.	SE	Standard Error

36.	RT	Retention Time
37.	DF	Degree of Freedom
38.	SD	Standard Deviation
39.	SE	Standard Error
40.	m	metre

CAPÍTULO 1

Introdução

As abelhas melíferas são uma das criaturas mais fascinantes e benéficas do reino animal. São os insectos holometábolos que apresentam um elevado grau de organização social e uma divisão do trabalho e um sistema de castas bem desenvolvidos. As abelhas pertencem ao filo Arthropoda, à classe Insecta e à ordem Hymenoptera. Na colónia existe apenas uma rainha. Ela não faz qualquer trabalho, exceto pôr ovos, e depende das operárias para todas as suas necessidades, incluindo a alimentação. O tipo seguinte de casta é a dos zangões, que não estão presentes durante todo o ano. Algumas centenas de zangões aparecem na colónia, alguns dias antes da criação de novas rainhas. Fertilizam as novas rainhas e, mais tarde, desaparecem quando o seu trabalho termina. O número máximo (milhares) de membros da colónia são as abelhas operárias. Estas realizam todas as tarefas, exceto a reprodução. Tal como as rainhas, também se desenvolvem a partir de ovos fertilizados, enquanto os zangões se desenvolvem a partir de ovos não fertilizados.

As abelhas operárias, durante o seu curto período (cerca de 6 semanas) de vida, realizam uma série de trabalhos ou tarefas em sequência. Essas tarefas são a limpeza, a criação de crias (amamentação), a produção de cera, a construção e reparação de favos e a procura de alimentos (Rosch, 1925, 1930; Lindauer, 1952; Free, 1965; Michener, 1969; Seeley, 1982, 1985; Calderone e Page, 1988; Kolmes et al., 1989; Mishra, 1995). As abelhas melíferas alimentam-se de pólen e néctar de um grande número de espécies vegetais. O pólen é a principal fonte de proteínas, gorduras, vitaminas, minerais e todos os outros nutrientes necessários para o crescimento e desenvolvimento das abelhas (White, 1957; Maurizio, 1962; Siddiqui e Furgala, 1967, 1968; Campana e Moeller, 1977; Keller et al., 2005a, b). O valor nutricional dos diferentes pólenes varia muito (Levin e Haydak, 1957; Maurizio, 1954; Standifer, 1967; Stroikov, 1966; Schmidt et al., 1987, 1989). O pólen é misturado com secreções salivares de mel/néctar e é armazenado nas células polínicas do favo de cera. Assim, o pólen armazenado não é exatamente o mesmo que o pólen recolhido pelas abelhas e é geralmente designado por "pão de abelha".

O néctar é a primeira fonte de hidratos de carbono (açúcares) de que as abelhas necessitam. É também misturado com secreções salivares (enzimáticas) e armazenado nas células de mel do favo de cera. A sacarose do néctar é decomposta pela enzima invertase e transformada em glicose e frutose. As abelhas adicionam glucose-oxidase que hidrolisa parte da glucose em ácido glucónico, peróxido de hidrogénio e outros componentes. O néctar processado enzimaticamente é convertido em mel através da ação de ventilação das abelhas, que provoca a evaporação do teor de humidade. O pão de abelha e o mel são alimentos transformados pelas abelhas como fonte de nutrientes dietéticos. Ambos satisfazem as necessidades presentes e futuras da colónia, pelo que são armazenados em quantidades suficientes na colónia, para serem utilizados quando as fontes frescas (flores) são escassas. As abelhas melíferas actuam como um importante agente polinizador e contribuem para aumentar a produção agrícola. Além disso, recolhem e utilizam o néctar e o pólen das flores de várias plantas, que de outra forma seriam desperdiçados. Foi recentemente referido que a matéria fecal das abelhas meliferas pode também desempenhar um papel significativo, actuando como biofertilizante natural, quando as colmeias de abelhas são colocadas nas proximidades dos campos de cultivo. As abelhas meliferas também ajudam no controlo biológico de pragas de insectos, uma vez que se observou que a infestação de pragas é significativamente menor nas plantas visitadas pelas abelhas do que nas plantas não visitadas pelas abelhas e que a necessidade de pulverização de pesticidas nos campos visitados pelas abelhas é significativamente reduzida. Também se observou que as abelhas operárias Apis mellifera apanham algumas lagartas de pragas e abandonam as plantas hospedeiras (informação não publicada de agricultores da aldeia de Girwai em Gwalior). Por conseguinte, a apicultura apoia os conceitos de agricultura biológica e de desenvolvimento sustentável.

Na maior parte do nosso país, as fontes naturais de pólen e néctar tornam-se escassas durante o período de verão e esta altura é popularmente conhecida como "Período de Carência". As plantas ornamentais não dão flores durante esta estação e as culturas agrícolas disponíveis, como o algodão, o arroz, etc., são frequentemente pulverizadas com insecticidas muito tóxicos. Uma colónia pode ter falta de reservas devido ao fraco fluxo de pólen (Mishra, 1995). Muitas vezes, os apicultores colhem quantidades excessivas de mel antes do período de escassez para que as colónias não possam suportar a falta de alimento. Os fenómenos das alterações climáticas e do aquecimento global agravam os problemas das colónias de abelhas, provocando uma forte mortalidade das abelhas, que são animais de sangue frio. As alterações frequentes da temperatura e da humidade e o aumento da temperatura atmosférica média são susceptíveis de provocar a perda de cera por derretimento e efeitos adversos na resistência dos favos. A escassez de água é também um fator importante de vulnerabilidade das colónias de abelhas. As abelhas operárias recolhem igualmente água para a pulverizar sobre a superfície do favo e provocar um efeito de arrefecimento através da ação de ventilação das abelhas. Períodos de escassez periódica de pólen resultam em baixas reservas nutricionais que afectam negativamente o desempenho da colónia devido à redução da criação (Keller et al., 2005a, b; Mattila e Otis, 2007; DeGrandi-Hoffman et al., 2008). As abelhas recém-emergidas têm de consumir pólen durante os primeiros dez dias após a emergência, sem o qual a capacidade de criação das abelhas meliferas é drasticamente afetada, uma vez que as glândulas hipofaríngeas das abelhas amas, responsáveis pela produção de alimentos para as larvas, permanecem subdesenvolvidas e não funcionais (Haydak, 1935). A longevidade das abelhas adultas é igualmente afetada, o que provoca uma diminuição da força da colónia. Além disso, as colónias construtoras de alvéolos e as colónias de acabamento necessitam de uma alimentação contínua durante a criação em massa da rainha. A falta de mel reduz a energia das abelhas forrageiras, que têm de consumir grandes quantidades de açúcares para ir buscar néctar, pólen, água e resinas (precursor do própolis) a locais distantes, que continuam a ser escassos durante este período. A escassez de alimentos provoca a diminuição rápida e a falência (perecimento) das colónias de abelhas. As colónias pobres durante os períodos de escassez são também susceptíveis de serem atacadas por inimigos das abelhas, tais como vespas, formigas, aves que comem abelhas, traça da cera (Galleria melonella) e roubo por abelhas selvagens, Apis dorsata. Verificou-se que 10 a 20 por cento das colónias morrem todos os anos devido à fome (Ambrose, 1992). Durante a escassez

Em alguns períodos, as abelhas amas tendem por vezes a canibalizar as larvas jovens não seladas de idade normalmente inferior a três dias, impedindo-as assim de atingir a fase selada (Schmickl e Crailsheim, 2001). Também se observou que as larvas de criação não são alimentadas e não conseguem sobreviver por este motivo. Por vezes, as larvas de criação e as pupas são expulsas das colónias, o que parece acontecer devido à escassez de reservas alimentares, à infeção microbiana e à criação doente, cuja incidência é maior durante o período de escassez. É necessário um maneio especial das colónias de abelhas melíferas durante os períodos de escassez. As práticas de gestão dos apicultores indianos foram adoptadas dos países ocidentais com alterações e modificações adequadas às necessidades agro-ecológicas. Os esquemas de gestão na apicultura têm como objetivo reforçar ou melhorar vários factores necessários ao crescimento e desenvolvimento da colónia. O aspeto mais negligenciado da gestão das colónias de abelhas é, provavelmente, a gestão do período de escassez . Na maior parte dos casos, não foi dada qualquer atenção, exceto à migração das colónias e ao fornecimento ocasional de xarope de açúcar como alimento artificial. A apicultura que negligencia a gestão das reservas alimentares é designada por apicultura "acordeão".

Na Índia, duas espécies de abelhas melíferas, Apis mellifera e Apis cerana indica, são domesticadas para a produção de mel. O conceito de apicultura orientada para a produção vegetal (polinização) ainda não é popular na Índia, embora em alguns estados tenha começado sob a forma de aluguer de colónias de abelhas durante as épocas de floração das principais culturas.

A Apis cerana indica é uma espécie frugal e subsiste mesmo com fontes de alimento muito reduzidas. A Apis mellifera alimenta-se muito e necessita de mais alimentos para a sua subsistência e crescimento. Por conseguinte, é necessário um maneio especial da A. mellifera para assegurar um melhor desenvolvimento da colónia, resultando numa maior produção de mel e num melhor desempenho de polinização. Nas regiões tropicais e subtropicais, o verão é muito rigoroso para as abelhas. De junho a setembro, as abelhas não dispõem geralmente de fontes florais ou estas são fracas (Mishra e Sharma, 1997/1998). A duração do período de escassez de pólen pode variar de três a cinco meses ou mesmo mais, consoante o local. Nas regiões do Norte do país, começa em maio e termina em junho, mas na Índia Central, o período de carência é mais longo, começando em abril e terminando em setembro.

A dependência exclusiva das abelhas melíferas do pólen naturalmente disponível seria um fator limitativo para o desenvolvimento das colónias de abelhas. Os apicultores têm de seguir o conceito de migração das colónias, o que implica muito trabalho, tempo e dinheiro. Várias colónias morrem durante o transporte devido a acidentes, a um momento impróprio e a uma seleção inadequada do local. Uma das estratégias bem sucedidas para a sobrevivência das colónias de abelhas nestas condições pode ser a alimentação artificial, ou seja, a alimentação com substitutos de pólen (alimentos destinados a substituir o pólen) e suplementos (alimentos misturados com pólen natural) que asseguram um melhor desenvolvimento da colónia, resultando assim, em última análise, numa melhor produção de mel (Chhuneja et al., 1993a, b; Nabors, 2000; Singh, 2009). A alimentação estimulante aumenta o moral das colónias e facilita a união das colónias. Os substitutos mais amplamente aceites consistem em farinha de soja, farinha de grama seca, levedura de cerveja seca, pólen natural e leite em pó desnatado como ingredientes principais. Na Índia, praticamente nenhum substituto ou suplemento de pólen está disponível comercialmente para os apicultores e a maior parte deles não tem ideia de como formular um substituto ou suplemento de pólen.

Uma gestão eficaz das colónias de abelhas exige que os apicultores forneçam alimentos artificiais às abelhas quando estas necessitam. A necessidade de alimentar as abelhas com pólen recolhido ou com suplementos proteicos depende muito da quantidade de criação existente na colmeia, da quantidade de pólen e de néctar armazenados, das condições actuais e futuras do néctar e do pólen e das exigências que serão colocadas às colmeias. Se as colmeias tiverem uma escassez crítica de pólen e tiverem um grande ninho de criação ou estiverem a expandir o seu ninho de criação, os apicultores têm de considerar várias opções disponíveis, por exemplo, alimentação suplementar, migração das colónias de abelhas para uma região rica em flora, etc., para evitar uma redução da população de abelhas.

A alimentação suplementar é também necessária para superar os danos causados pela pulverização de pesticidas nas culturas em flor e para produzir colónias fortes para o pacote de polinização, para manter a população da colónia e para superar o "colapso do outono" (Stranger e Laidlaw, 1974). Foi referido que a alimentação com suplemento de pólen melhora o rendimento polínico e a produção de mel (Sheeley e Poduska, 1968; Shah e Shah, 1979; Musa et al., 1989 e Mladenovic et al., 1999). A utilização de substitutos do pólen é importante para o desenvolvimento das colónias, não só durante o verão e o período de escassez das monções, mas também durante o inverno e a primavera, para produzir colónias fortes para a produção de pacotes de abelhas e a polinização das culturas. Assim, a gestão para aumentar a eficiência das colónias reside no desenvolvimento de um substituto eficaz do pólen/alimento para as abelhas e na sua alimentação quando o pólen é escasso (Haydak, 1967; Saffari et al., 2004). A necessidade de desenvolver uma dieta proteica suplementar para alimentar as colónias de abelhas melíferas durante as épocas em que o pólen natural é escasso foi percebida há muito tempo (Haydak, 1935; Todd, 1940). Em 1977, o Comité de Investigação da Federação Americana de Apicultura referiu a necessidade de desenvolver um substituto do pólen como imperativo para o bem-estar da indústria apícola e apontou a necessidade de investigação neste sentido (Johansson e Johansson, 1977). Vários substitutos diferentes foram experimentados por investigadores e apicultores, tendo em conta muitos factores como a atratividade para as abelhas, a fácil disponibilidade, a palatabilidade, o valor nutricional, a digestibilidade, a viabilidade económica e a toxicidade.

Por que razão é necessária uma alimentação suplementar?

As principais razões para a necessidade de alimentação suplementar das colónias de abelhas durante o período de escassez podem ser enumeradas da seguinte forma:

A)   Para assegurar a continuidade do desenvolvimento das colónias em locais e períodos de escassez de pólen e néctar.

B)   Desenvolver colónias com uma população óptima para os próximos períodos de fluxo de néctar, polinização de culturas, criação artificial de rainhas, pedidos de abelhas de pacote e divisões de outono e primavera.

C)   Para manter a criação e o desenvolvimento da colónia durante o mau tempo.

D)   Para constituir colónias após perdas de pesticidas.
E)   Manter/desenvolver a moral/confiança da colónia para situações perigosas/acidentais
F)   Fornecer reservas alimentares adequadas para as colónias invernantes.
G)   Para manter as colónias com uma população elevada de zangões para o acasalamento da rainha.

Na Índia, a apicultura comercial com abelhas melíferas exóticas, Apis mellifera, começou no início da década de 1960, mas ainda não foi possível atingir a perfeição neste domínio e os problemas de escassez de alimentos (períodos de escassez), toxicidade de pesticidas, infestação microbiana, ataque de inimigos, etc. ainda não foram resolvidos de forma científica. A alimentação artificial das abelhas melíferas não é uma prática comum devido ao desconhecimento, à menor aceitabilidade e à falta de efeitos positivos em termos de desempenho/parâmetros aparentes da colónia. A maioria das pessoas acredita que a alimentação artificial tornará as colónias de abelhas mais letárgicas e incapazes de aproveitar os recursos florais disponíveis. Acredita-se também que os apicultores utilizam alimentos artificiais, nomeadamente xarope de açúcar, para alimentar as abelhas das colmeias e fabricam mel que é tão mau como o mel adulterado ou artificial.

Além disso, os substitutos e suplementos de pólen são compostos por ingredientes dispendiosos que os nossos pobres apicultores não podem pagar.

Na Índia, foram feitos até agora muito poucos estudos conclusivos sobre o efeito da alimentação suplementar (substituto de pólen e suplementos) no desenvolvimento das colónias e na produção de mel. Chhuneja et al. (1993a, b) estudaram uma série de formulações de substitutos de pólen para colónias de Apis mellifera, entre as quais uma baseada numa mistura de levedura de cerveja, leite em pó desnatado e grama descascada em xarope de açúcar foi considerada bastante eficaz. Srivastava (1996) experimentou um substituto do pólen definido quimicamente, composto de caseína, sacarose, colesterol, mistura de sais, tocoferol, alfecel e vitamina, nas colónias de abelhas e observou um aumento da postura de ovos, da área de criação, da força da colónia, da área de pólen e do peso das pupas de abelhas, mas os custos/benefícios dessa fórmula não foram calculados. Sharma e Gupta (2006) testaram uma série de formulações de dietas constituídas por farinha de soja transformada, farinha de milho, farinha de trigo e levedura em colónias de Apis mellifera e demonstraram resultados positivos no desempenho das colónias. Lakra (2006) observou uma produção satisfatória de mel pelas colónias de abelhas após a alimentação com um substituto do pólen composto por farinha de soja, extrato de levedura, mel e multivitaminas. Singh (2009) referiu que os substitutos do pólen suplementados com extractos de pólen de Brassica em etanol, água e benzeno influenciam o valor nutritivo das formulações e a fisiologia do desenvolvimento de Apis mellifera. Sihag e Gupta, (2011) também relataram um aumento nos atributos das colónias quando lhes foi fornecida uma dieta artificial. Por outro lado, foram formuladas várias dietas por investigadores em muitos países estrangeiros (Haydak, 1933, 1936, 1937, 1959, 1967; Standifer et al., 1970; 1973a, b, 1977; Doull, 1975; Szymas, 1976; Herbert e Shimanuki, 1979a, b; Chalmer, 1980; Abbas et al., 1995; Saffari et al., 2004, 2010a, b). Alguns deles, como a abelha forrageira desenvolvida por Saffari et al. (2004), estão disponíveis comercialmente em alguns países. Mas nenhum substituto do pólen está disponível comercialmente na Índia devido a um ou outro inconveniente na dieta formulada (Mishra, 1995).

Considerando o desempenho da dieta artificial rica em proteínas para colónias de abelhas melíferas durante o período de escassez, o presente estudo intitulado "Um estudo sobre a avaliação de algumas dietas artificiais, incluindo substitutos do pólen e suplementos para a apicultura comercial na Índia" foi planeado e realizado para atingir os seguintes objectivos:

A) Desenvolver e formular dietas ricas em proteínas artificiais, palatáveis, nutricionalmente equilibradas e económicas para a apicultura comercial na Índia.

B) Avaliar comparativamente a aceitabilidade e o consumo de diferentes formulações de dieta.

C) Determinar o efeito das formulações da dieta nos seguintes parâmetros de desempenho da colónia:

(1) Quantidade de postura de ovos

(2) Quantidade de crias não seladas

(3) Quantidade de crias seladas

(4) N.º total de quadros cobertos pelas abelhas

(5) População de abelhas

(6) Quantidade de mel armazenado

(7) Morfometria das abelhas operárias de colónias de diferentes tratamentos

(8) Desempenho geral da colónia de abelhas.

D) Determinar o prazo de validade das fórmulas dietéticas.

E) Analisar os parâmetros bioquímicos das dietas formuladas, ou seja, humidade, cinzas, pH, valores energéticos e proteínas totais, hidratos de carbono, gorduras e aminoácidos, etc.

CAPÍTULO 2

Revisão da literatura

A apicultura é uma área científica no domínio da entomologia económica que inclui a manutenção e a criação de abelhas, a sua gestão, a produção de mel, a investigação sobre abelhas e produtos apícolas com um papel importante na agricultura e na horticultura. A apicultura tem sido praticada em muitas partes do mundo, incluindo a Ásia e a Europa, desde tempos imemoriais. O Rig Veda (2000-3000 a.C.) refere que Vishnu (Deus indiano) assumiu a forma de uma abelha azul numa flor de lótus. A descrição do mel encontra-se na literatura antiga de todas as culturas do mundo. Foi mencionado que era utilizado como alimento dos deuses. Nas múmias egípcias, foram referidos potes de mel entre outros materiais e utensílios. Foi referido que o mel era utilizado para curar feridas durante o Mahabharata. A primeira menção oficial à apicultura data de cerca de 2400 a.C., em listas oficiais de apicultores. Aristóteles (384-322 a.C.) observou a constância das abelhas nas flores de determinadas culturas e mencionou também a fidelidade floral, a divisão do trabalho e a doença da cria das abelhas melíferas no seu famoso livro "Historia Animalum". Os romanos discutiram pela primeira vez o aspeto comercial da apicultura em 7 a.C. No século [XIX], a história da apicultura mostrou o crescimento comercial quando L. L. Langstroth desenvolveu uma colmeia de madeira do tipo caixa com vários quadros móveis nos quais as abelhas constroem o favo de mel. Além disso, as folhas de fundação do favo foram concebidas no ano de 1857 na Alemanha por Johannes Mehring e, mais tarde, em 1896, as folhas de fundação de cera tornaram-se disponíveis para utilização na apicultura comercial.

A apicultura na Índia não é uma atividade tradicional. Existem registos de abelhas domesticadas em colmeias de troncos, vulgarmente conhecidas por Ganari (feitas de troncos ocos de árvores), que remontam a 1470 d.C. (Shah, 1980). Durante muito tempo, a A. cerana indica foi domesticada em colmeias de parede especialmente construídas (uma cavidade deixada na parede quando a casa está em construção), nas quais não havia qualquer possibilidade de transporte das colónias. Em 1910, Newton concebeu uma pequena colmeia "Newton Hive" adequada para a Apis cerana indica, que continua a ser popular para a criação de abelhas indígenas.

Os primeiros esforços de importação de colónias de abelhas Apis mellifera para a Índia foram feitos por Ghosh (1920), que importou colónias de abelhas mellifera de Itália. Mas as abelhas morreram devido a uma ou outra razão. A introdução bem sucedida da Apis mellifera no nosso país remonta aos anos 60, quando a Apis mellifera foi introduzida e estabelecida com sucesso na região dos Himalaias (Nagrota, H.P.) e nas planícies do Punjab (Atwal e Sharma, 1964, 1967, 1968 e Atwal e Goyal, 1973). Até à década de 1960, a apicultura na Índia estava confinada à Apis cerana indica e apenas em alguns Estados. Mas, devido a alguns dos seus inconvenientes, como a tendência para picar rapidamente, o comportamento mais excitável e frugal, a rápida enxameação e a fuga, a A. cerana não era tão fácil de domesticar. Além disso, vários tipos de doenças e parasitas, como o ataque da traça da cera (Galleria malonella), Varroa jacobsoni (ácaro), Acarapis woodie (ácaro), têm sido relatados como afectando a população de A. cerana. O verdadeiro problema da A. cerana começou com o aparecimento do vírus da cria-sacra tailandesa, que dizimou quase 95% das colónias de abelhas (Mishra, 1995). Verificou-se que a A. mellifera era mais resistente a todas estas doenças. Observou-se que, mesmo após o aparecimento do Thai Sac-Brood Virus, não houve qualquer efeito na produção de mel e a produção de mel foi 3-4 vezes superior na A. mellifera do que na A. cerana. Por fim, verificou-se que a A. mellifera é superior à A. cerana em todos os aspectos, pelo que os investigadores preferiram a A. mellifera à A. cerana para fins de domesticação/produtividade do mel.

As principais questões com que se confrontava a apicultura de A. mellifera eram a necessidade de dispor de colónias de abelhas fortes para o inverno, combinadas com uma rápida formação na primavera, a tempo de dispor de pólen e néctar precocemente e de prestar serviços de polinização nas culturas de floração precoce. Para tal, era necessária uma gestão eficaz das colónias de abelhas durante todo o ano, em geral, e durante o período de escassez, em particular. A migração das colónias de abelhas é amplamente escolhida para a gestão do período de escassez e está a dar resultados frutíferos. Mas a migração a longa distância não é uma tarefa fácil, envolve muitos inconvenientes, mão de obra e custos e nem sempre é um empreendimento bem sucedido. Por vezes, há muita aglomeração de apicultores num determinado local promissor e não se obtém a devida vantagem. Também pode acontecer que não exista uma fonte de pólen adequada na localidade desejada. Todas estas razões tornam necessário o desenvolvimento de um substituto adequado do pólen para ser utilizado como dieta artificial para as colónias de abelhas durante os períodos de escassez.

Além disso, as abelhas melíferas são a fonte de um dos alimentos doces mais antigos (o mel) para a sociedade humana. Na mitologia hindu, é considerado um dos 5 amruts (ambrósia) e é frequentemente considerado como o "alimento dos deuses". Apesar da sua origem animal, é consumido livremente pelos vegetarianos estritos. O mel é um alimento doce que fornece energia instantânea devido à presença de uma elevada percentagem de açúcares simples, glicose e frutose, é também um excelente tónico e possui propriedades medicinais milagrosas. Na Ayurveda, acredita-se que o mel é "Yogwahi", actua como veículo e aumenta várias vezes os efeitos benéficos de outras ervas. Desde os tempos do Mahabharata, tem sido utilizado para curar feridas de guerreiros e atualmente as suas excelentes propriedades curativas foram cientificamente comprovadas (Efem, 1988; Iftikhar et al., 2010; Agrawal, 2011). Uma vez que as abelhas melíferas são a fonte de um produto tão valioso, foi dada muita atenção ao estudo dos processos digestivos e da nutrição das abelhas melíferas (Parker, 1926; Bertholf, 1927; Phillips, 1927; Whitcomb e Wilson, 1929; Standifer, 1967, 1980; Haydak, 1970; Dietz, 1975; Mishra, 1980; Grogan e Hunt; 1980; Crailsheim, 1988a, b, 1998; Bajpai, 1989; Crailsheim e Stolberg, 1989; Jimenez e Gilliam, 1989; Pavlovsky e Zarin, 1922; Naiem et al., 1999; Kushwah, 1999).

A dependência das abelhas melíferas da flora apícola natural para a obtenção de proteínas, lípidos, minerais e vitaminas pode, por vezes, limitar o desenvolvimento das colónias de abelhas, uma vez que a flora apícola suficiente não está disponível durante todo o ano. O néctar/mel e o pólen são os constituintes básicos da dieta das abelhas melíferas. Estes constituintes devem estar presentes na dieta das abelhas na proporção ideal. Quando há escassez de néctar e de pólen, a força das colónias diminui devido à diminuição da criação de crias e da postura de ovos. Assim, durante este período, as colónias devem receber vários substitutos e suplementos de pólen. Assim, o desenvolvimento de formulação(ões) dietética(s) adequada(s) tem permanecido um interesse de longa data para os investigadores. Desde o início da história da apicultura, percebeu-se a necessidade de alimentar artificialmente as colónias de abelhas e vários trabalhadores tentaram fornecer alimentos formulados às colónias de abelhas durante o período de escassez, de modo a resolver os problemas de escassez de alimentos e a obter melhores resultados da apicultura. Haydak pode ser considerado o primeiro cientista que fez tentativas contínuas (Haydak, 1936, 1937, 1939, 1940, 1945, 1959, 1967, 1970) para formular suplementos e substitutos de pólen para a apicultura. Já em 1936, dietas compostas por levedura seca, leite gordo fresco, leite em pó desnatado, ovo inteiro, gema de ovo e clara de ovo foram dadas às abelhas melíferas e foi relatado que as colónias alimentadas com estas dietas desenvolveram mais criação em vez de pólen e a mortalidade também foi menor (Haydak, 1936). Haydak, (1937) experimentou mais alguns alimentos: farinha de soja, farinha de soja, farinha de amendoim, farinha de linhaça, mistura de farinha de algodão e farinha de soja e farinha de linhaça cada uma com leite em pó desnatado. Observou-se que as abelhas desenvolveram o seu corpo normalmente com estas dietas.

Desde então, até aos últimos anos, foram feitas muitas tentativas para desenvolver alimentos ricos em proteínas para as abelhas. Uma variedade de alimentos ricos em proteínas foi testada em todo o mundo, mas ainda não foi desenvolvido um alimento completo e equilibrado para as abelhas (Chhuneja et al., 1992; Mishra, 1995; Saffari et al., 2004, 2010a, b; Sihag e Gupta, 2011). O substituto do pólen mais eficaz e amplamente aceite parece ser uma formulação proposta/desenvolvida por Haydak (1967) que inclui farinha de soja, levedura de cerveja e leite em pó desnatado. Recomenda-se que a formulação seja diluída em água de modo a formar uma massa para ser fornecida dentro da colmeia. Esta formulação foi também testada experimentalmente por alguns trabalhadores indianos, incluindo o presente estudo, e verificou-se que a sua aceitação foi muito inferior à relatada pelo trabalhador original.

Além disso, o trabalho de (Saffari et al., 2004, 2006, 2010a, b) também é significativo e eles lançaram uma formulação comercial ("Feed Bee") que pode ser dada às colónias de abelhas tanto como formulações secas como em patty. O fabricante afirma que a taxa de consumo é muito elevada (~ 80%). Não há relatos de experiências com esta dieta na Índia. Além disso, não é possível aos apicultores indianos pobres importar substitutos de pólen dispendiosos. Foram efectuados muito poucos estudos para desenvolver um substituto do pólen a utilizar como alimento artificial para a apicultura, tendo em conta as necessidades dos apicultores indianos, utilizando ingredientes disponíveis localmente e mais baratos.

2.1 As necessidades nutricionais das abelhas melíferas

A vida das abelhas operárias foi estimada em cerca de 06 semanas, sendo a primeira metade (03 semanas) dedicada a tarefas internas (abelhas internas) e a segunda a actividades externas ou de forrageamento (abelhas externas, forrageamento, campo). As abelhas operárias apresentam um sistema elaborado de divisão do trabalho (polietismo). As tarefas de trabalho são essencialmente determinadas pela idade da operária, mas podem ser modificadas em função das necessidades da colónia. De acordo com a tarefa a desempenhar pelas abelhas operárias, as suas necessidades nutricionais sofrem as devidas alterações. As abelhas recém-emergidas consomem uma dieta rica em proteínas (pólen), que é necessária para o desenvolvimento das suas glândulas hipofaríngeas para a secreção de geleia real.

Embora as abelhas possam sobreviver com uma dieta de hidratos de carbono puros durante longos períodos, tal como a maioria dos animais, necessitam de proteínas, hidratos de carbono, gorduras (lípidos), vitaminas, minerais e água para um crescimento e desenvolvimento normais (Loper e Berdel, 1980). Todos estes nutrientes devem estar presentes na dieta, numa proporção qualitativa e quantitativa definida (Haydak, 1970). Estas necessidades nutricionais são satisfeitas através da recolha de pólen, néctar / mel e água. O pólen, recolhido pelas abelhas operárias de uma vasta gama de plantas com flores, satisfaz normalmente as necessidades alimentares em proteínas, minerais, lípidos e vitaminas. O néctar, recolhido pelas abelhas melíferas das nectarinas florais ou extra-florais das flores, é principalmente uma fonte de hidratos de carbono, uma vez que 95,0 a 99,9 por cento dos sólidos nele contidos são açúcares (White, 1963).

Em termos de nutrição, as proteínas são essenciais para o crescimento e desenvolvimento normal dos tecidos, músculos e glândulas das abelhas melíferas, como as glândulas hipofaríngeas (Moritz e Crailsheim, 1987; Schmidt et al, 1995) e é bem sabido que uma dieta rica em pólen e proteínas promove o desenvolvimento das larvas e o desenvolvimento dos ovários e dos ovos (Woyke, 1976; Hays, 1984; Wheeler, 1996; Lin e Winston, 1998, Pernal e Currie, 2000; Hoover et al., 2006; Schafer et al., 2006, Dietemann et al., 2007). Além disso, as abelhas melíferas podem

Tabela 1 - Politeísmo dependente da idade na vida das abelhas operárias

S.N.	Age & designation	Duties	Nutritional requirements
1.	0-3 days (Sweeper/ Cleaner)	Cleaning & polishing of comb cells, Warm the brood nest	High protein diet (bee bread)
2.	3-11 days (Nurse bee)	Nursing brood, queen & drone	Stored honey and pollen / and bee bread
3.	12-17 days (Handling bees)	Production of wax, Construction & repairing of comb and storage, processing of nectar	Honey and small quantity of stored bee bread
4.	18-21 days (Guard bees)	Guide the hive entrance from intruders / enemies and ventilation of hive	Nectar & honey
5	22 days + (Forager bees / field bees)	Forage for nectar, pollen, propolis and water	Nectar

As abelhas lidam com os períodos de escassez de néctar e pólen na sua área de alimentação, baixando o seu metabolismo e reduzindo as tarefas e actividades na colmeia, como a procura de alimento e a criação de criação (Day et al., 1990; Imdorf et al., 1998; Pernal e Currie, 2001;

Kalev, et al., 2002, Keller et al., 2005a, b). A principal fonte natural de proteínas da dieta das abelhas melíferas é o pólen (Grogan e Hunt, 1979; Pernal e Currie, 2000). Normalmente, o pólen contém 7 a 40 por cento de proteínas, dependendo da fonte de onde é recolhido pelas abelhas (Todd e Bretherick, 1942; Stanley e Linskens, 1974; Roulston e Cane, 2000). Hrassnigg e Crailsheim (1998) descobriram que o consumo de pólen está positivamente correlacionado com o desenvolvimento das glândulas hipofaríngeas. Estas glândulas desempenham um papel importante na criação da rainha e da criação porque sintetizam e segregam a geleia real (Michener, 1974). As abelhas operárias (1 a 14 dias de idade) obtêm proteínas alimentares do pólen que recolhem durante a sua visita a várias flores durante o dia. Foi referido que é consumido mais pólen quando há mais criação e quando as abelhas são jovens (Eischen et al., 1984; Crailsheim, 1992). As rainhas larvares e adultas obtêm as suas proteínas da geleia real segregada pelas jovens abelhas operárias (Rosch, 1925; Haydak, 1970; Huang e Otis, 1989; Crailsheim, 1990, 1991, 1992). As abelhas zangão obtêm também uma pequena quantidade de proteínas a partir do alimento fornecido pelas jovens obreiras, que é uma mistura de secreções glandulares, pólen e mel.

As abelhas necessitam igualmente de aminoácidos específicos para o seu crescimento e desenvolvimento normais, para a sua reprodução e para a criação de crias. A composição em aminoácidos de diferentes pólenes foi investigada por Auclair e Jamieson (1948), Weaver e Kuiken (1951) e Lunden (1954). Bieberdorf et al., (1961) referiram que os extractos de pólen indicavam a presença essencialmente dos mesmos aminoácidos em todos os pólenes analisados. Auclair e Jamieson (1948) efectuaram análises qualitativas de aminoácidos em pólen de dente-de-leão, salgueiro e pólen misto. De Groot (1953) demonstrou que o equilíbrio adequado do azoto e o crescimento das abelhas operárias não eram possíveis com uma dieta exclusivamente proteica, desprovida de um determinado aminoácido essencial, mas completa. Verificou que as abelhas necessitavam dos dez aminoácidos seguintes: arginina, histidina, lisina, triptofano, fenilalanina, metionina, treonina, leucina, isoleucina e valina.

Os hidratos de carbono são essencialmente uma fonte de energia para as abelhas. As abelhas necessitam de lípidos alimentares (ácidos gordos, esteróis e fosfolípidos) na sua dieta como fonte de energia para a síntese de gordura de reserva e de glicogénio e como componente estrutural essencial de muitas membranas celulares (Lunden, 1954). A produção de energia durante o voo das abelhas melíferas depende exclusivamente da degradação dos hidratos de carbono (Beenakkers, 1969). Se a concentração de açúcar no sangue descer abaixo de 1,0 por cento, a abelha torna-se incapaz de voar. A um nível inferior a 0,5%, no entanto, a abelha fica quase imóvel (Dietz, 1975). Alguns hidratos de carbono podem ser utilizados pelas abelhas, outros não e alguns são tóxicos.

As diferenças na utilização de hidratos de carbono entre larvas e adultos podem dever-se à ausência de enzimas adequadas. Frisch (1934) testou 34 hidratos de carbono e compostos relacionados e descobriu que as abelhas melíferas consideravam apenas sete deles como doces. Cinco destes açúcares doces encontram-se no néctar ou na melada (glicose, frutose, sacarose, melezitose e maltose). Lotmar (1935) estudou os efeitos nefastos dos hidratos de carbono complexos presentes no xarope de milho rico em frutose para as abelhas, que não os conseguem digerir. Alguns açúcares também são tóxicos para as abelhas, especialmente a manose, que mata as abelhas alguns minutos após a alimentação devido a uma falta de equilíbrio entre as enzimas hexoquinase e fosfomanose isomerase - importantes no metabolismo da glucose (Albritton, 1954; Sols et al., 1960; Maurizio, 1965). A galactose também foi relatada como sendo tóxica para as abelhas (Maurizio, 1965; Barker e Lehner, 1976; Barker, 1977). Albritton (1954) relatou que a lactose não é necessária para as abelhas, enquanto alguns pesquisadores relataram que ela é até mesmo tóxica para elas (Barker e Lehner, 1976 e Barker, 1977). Também foi relatado que a alimentação com 42 ou 55% de HFCS como suplemento de hidratos de carbono não afecta negativamente o desempenho das colónias de abelhas (Severson e Erickson, 1984). As abelhas necessitam de lípidos alimentares (ácidos gordos, esteróis e fosfolípidos) na sua dieta como fonte de energia para a síntese de gordura e glicogénio de reserva e como componente estrutural essencial de muitas membranas celulares (Lunden, 1954). Certos lípidos desempenham um papel importante na lubrificação dos alimentos, também quando estes são ingeridos e preparados para absorção. As larvas podem sintetizar gorduras a partir de hidratos de carbono (Dixon e Shuel, 1963). No entanto, Robinson e Nation (1966) referem que as larvas não necessitam de lípidos, uma vez que as abelhas podem criar as crias durante mais de 50 dias com uma dieta desprovida de lípidos. Embora a informação sobre a necessidade nutricional de lípidos na dieta das abelhas seja fragmentária e inconclusiva, mas como se verificou que todos os insectos estudados criticamente necessitam de um esterol na dieta, é razoável supor que as abelhas melíferas também necessitam de lípidos.

O papel das vitaminas no crescimento e desenvolvimento das abelhas melíferas é desconhecido, mas sabe-se que elas são essenciais para a criação normal de crias (Haydak, 1949; Haydak e Dietz, 1965; Hagedorn e Burger, 1968; Haydak e Dietz, 1972; Anderson e Dietz, 1974; Herbert e Shimanuki, 1978a; Hussein, 1979a; Verma e Phogat, 1982; Herbert et al; 1985). Hagedorn e Burger (1968) referem que o ácido ascórbico, o ácido pantoténico e o ácido fólico são essenciais para as abelhas para a criação e o desenvolvimento das glândulas hipofaríngeas. Herbert e Shimanuki (1978a) referem que a tiamina e a riboflavina são essenciais para as caraterísticas acima referidas. As abelhas necessitam de ácido ascórbico para a criação e as abelhas que recebem ácido ascórbico forrageiam mais ativamente (Hussein, 1979; Verma e Phogat, 1982; Herbert et al; 1985). Haydak e Dietz (1972) relataram que a vitamina piridoxina é essencial para a criação normal da criação. As necessidades de vitaminas solúveis das abelhas foram estudadas por Herbert e Shimanuki (1978a) através da alimentação com uma dieta quimicamente definida suplementada com

vitamina A, D, E ou K ou um complexo das quatro vitaminas. As necessidades vitamínicas de uma colónia de abelhas melíferas são satisfeitas desde que as reservas de pólen sejam abundantes na colmeia ou que haja pólen fresco disponível para as abelhas no campo. Sabe-se que a riboflavina e a niacina são indispensáveis para o crescimento e o desenvolvimento normais dos insectos (Fraenkel, 1943). O pólen contém sete vitaminas do complexo B (tiamina, riboflavina, piridoxina, ácido pantoténico, niacina, ácido fólico e biotina) e as vitaminas hidrossolúveis (inositol e ácido ascórbico) também estão presentes no pólen (Dadd, 1973; Nielsen, 1955; Augustin e Nixon, 1957). Dutcher (1918) verificou que "o pólen de milho é relativamente rico em vitaminas hidrossolúveis" e Aeppler (1922) concluiu que "o alimento das larvas contém quantidades consideráveis de vitamina B hidrossolúvel".

Sabe-se menos sobre as necessidades minerais das abelhas do que sobre as outras classes de nutrientes. Esta necessidade é geralmente satisfeita pelo consumo de pólen, que contém entre 2,5 e 6,5 por cento de cinzas em peso seco. As abelhas necessitam também de minerais para o seu funcionamento geral. Algumas observações sugerem que, se os minerais forem consumidos em grandes quantidades, especialmente durante um período em que não é possível voar, podem ter efeitos prejudiciais para as abelhas adultas. A alimentação das abelhas com xarope de açúcar que incluía pequenas quantidades de sal resultou numa redução da sua longevidade (Maurizio, 1946). Temnov (1958) verificou que os sais minerais presentes na melada são prejudiciais para as abelhas e reduzem a sua longevidade. Estudos sobre a composição mineral mostraram que o potássio, o fósforo, o cálcio, o magnésio e o ferro são os minerais mais comuns no pólen (Todd e Bretherick, 1942; Vivino e Palmer, 1944). O cobalto tem um efeito estimulante na criação de abelhas, além de resultar em abelhas mais pesadas e maiores, glândulas hipofaríngeas mais desenvolvidas e aumento do comprimento da língua (Burtov, 1961; Glushkov e Yakovlev, 1963).

A água é um elemento vital na dieta das abelhas melíferas. Desempenha algumas funções muito importantes na abelha, incluindo o transporte de materiais alimentares dissolvidos para todas as partes do corpo, ajudando na remoção de produtos residuais, digerindo e metabolizando os alimentos. As abelhas também necessitam de água para diluir o mel espesso e utilizar o mel e o açúcar cristalizado, para manter uma humidade óptima dentro da colmeia, a fim de assegurar a eclosão dos ovos e evitar a dessecação das larvas, e para manter uma temperatura adequada em tempo quente (Herbert, 1992).

A manutenção de uma quantidade adequada de reservas alimentares é a chave para uma gestão bem sucedida das abelhas melíferas. A dependência total das abelhas melíferas do pólen natural para obter proteínas, hidratos de carbono, lípidos, minerais e vitaminas da dieta pode resultar na supressão da criação de crias, restringindo assim severamente o desenvolvimento das colónias, uma vez que a flora polínica não está disponível durante todo o ano (Chalmers, 1980). Além disso, a criação prolongada não é possível se não houver pólen ou uma fonte adequada de proteínas (Haydak e Dietz, 1965). Para satisfazer as necessidades de hidratos de carbono e de proteínas das colónias de abelhas, foram experimentados diferentes tipos de alimentação suplementar.

2.2 Alimentação suplementar

As necessidades anuais de pólen de uma colónia de abelhas melíferas variam consideravelmente. Esta variação depende da localização da colónia, da sua força e das fontes florais. Haydak (1935) referiu que uma colónia de abelhas melíferas necessita de 20-30 kg de pólen por ano, enquanto Todd (1940) estimou que as necessidades anuais da colónia eram de 40 kg. Como o pólen não está frequentemente presente em quantidades adequadas no campo, os apicultores podem suplementar as colónias de abelhas alimentando-as com pólen recolhido, substitutos de pólen (sem pólen natural) ou suplementos de pólen (com pólen natural) que fornecem os nutrientes necessários às abelhas (Saffari et al., 2004). Mas o valor nutritivo do pólen recolhido para as abelhas diminui com o tempo, dependendo das condições de secagem, da temperatura e da humidade relativa e da fonte de pólen. Além disso, o pólen recolhido pelas abelhas pode também ser fonte de doenças das abelhas (Hitchcock e Revell, 1963) e também a mão de obra utilizada para recolher e armazenar o pólen torna-o dispendioso. Por conseguinte, é necessário desenvolver uma dieta proteica suplementar que possa satisfazer as necessidades proteicas de uma colónia de abelhas melíferas durante o período em que o pólen natural é escasso.

O substituto útil do pólen deve estimular o crescimento da colónia e apoiar aspectos da qualidade das obreiras, tais como uma elevada sobrevivência da criação e a duração da fase adulta (Winston et al., 1983). Entretanto, o substituto do pólen deve ser aceitável e ter o estímulo necessário para que as abelhas o consumam (Doull, 1973). A necessidade de um suplemento alimentar para colónias de abelhas melíferas e de um substituto alimentar completo para

A alimentação natural tem sido reconhecida e discutida há muitos anos. Vários investigadores desenvolveram e descreveram um grande número de dietas que incluíam farinha de soja, levedura de cerveja, grama seca, farinha de guar, leite em pó, gema de ovo em pó, caseína e farinha de peixe como ingredientes principais e que tiveram êxito nas condições específicas dos seus testes. Apesar de todos estes esforços, ainda não foi desenvolvido um substituto completo do pólen.

A análise que se segue, sob os subtítulos indicados, diz respeito à influência dos substitutos e suplementos de pólen em Apis mellifera, exceto quando especificado em contrário:

> Alimentação suplementar com proteínas e seus efeitos no desenvolvimento das colónias

> Alimentação suplementar com hidratos de carbono e o seu efeito no desenvolvimento das colónias

2.2.1 Proteína Alimentação suplementar e seus efeitos no desenvolvimento das colónias

Para que a apicultura seja bem sucedida durante todo o ano, os apicultores e os cientistas apícolas têm procurado fontes de proteínas que possam ser efetivamente utilizadas nas colónias de abelhas durante o período de escassez. Haydak foi o primeiro a iniciar e a efetuar uma extensa investigação sobre uma variedade de fontes de proteínas a utilizar na alimentação das abelhas. Em 1933, demonstrou que a levedura seca, a clara de ovo, a gema de ovo, o ovo inteiro, a farinha de centeio e o leite em pó desnatado fornecidos em células de favo vazias reduziam

mortalidade dos adultos e melhorou a criação das crias, com um efeito máximo com levedura seca e um efeito mínimo com clara de ovo (Haydak, 1933). (Haydak, 1936) continuou a sua pesquisa e testou pólen, carne , caseína comercial, farinha de trigo integral, farinha de aveia integral, farinha de peixe, farinha de milho, misturando-os com mel numa proporção de 1:4 em peso e farinha de ervilha e de sementes de algodão misturando-os numa proporção de 1:5. As misturas alimentares foram distribuídas pelas células dos favos virgens com o auxílio de uma espátula. Destas fontes de proteínas, apenas as colónias alimentadas com pólen, restos de carne e farinha de sementes de algodão produziram abelhas jovens. As outras dietas também foram consumidas pelas abelhas, mas não produziram abelhas jovens devido à presença de uma grande percentagem de material indigesto e ao baixo teor de minerais dessas dietas. Num estudo seguinte, Haydak (1937) experimentou farinha de soja, farinha de soja, farinha de amendoim, farinha de linhaça e uma mistura de farinha de soja, farinha de sementes de algodão e farinha de linhaça, cada uma misturada com leite desnatado em pó (20% em peso). Destas dietas, apenas a farinha de soja ou a mistura de leite em pó desnatado com farinha de sementes de algodão ou farinha de soja criaram criação normalmente, embora os resultados fossem inferiores aos de uma colónia de abelhas alimentada com pólen. Foi ainda demonstrado que a farinha de soja sozinha como fonte de proteínas era adequada para a criação de criação, mas a quantidade de criação foi consideravelmente aumentada quando se adicionou leite em pó desnatado seco ou levedura de cerveja seca à farinha de soja (Haydak, 1940; Haydak & Tanquary, 1942). Haydak (1940) também comparou três tipos de farinhas de soja, diferindo no processamento da soja e no teor de gordura das farinhas. Verificou-se que um teor elevado (22%) de gordura não era bom para a alimentação das abelhas.

Haydak (1945) também demonstrou que as colónias alimentadas com farinha de soja suplementada com levedura de cerveja seca só ou com uma adição de gema de ovo seca, produziram cerca de duas vezes mais criação do que as alimentadas com farinha de soja suplementada com leite desnatado seco ou pólen. A superioridade da dieta alimentada com levedura de cerveja seca deveu-se ao elevado teor de riboflavina e tiamina da levedura de cerveja. Foi demonstrado que, embora a farinha de soja seja um bom substituto do pólen, é deficiente em riboflavina e niacina, que são necessárias para o crescimento e desenvolvimento normais dos insectos. Esta deficiência pode ser resolvida misturando levedura de cerveja seca numa proporção de 4:1 (Haydak, 1949). Foi confirmado que a farinha de soja + levedura de cerveja + leite desnatado desidratado resulta num aumento significativo da criação de crias também com o método de alimentação com barra superior (Haydak, 1959).

Mais uma vez, Haydak (1967) testou mais de 30 fontes de proteínas, isoladas ou combinadas, para abelhas recém-emergidas e avaliou as alterações no peso seco e no teor de azoto das abelhas, a mortalidade dos adultos, a qualidade e a quantidade de criação e a população das colónias experimentais. Com base neste estudo, recomendou-se a utilização de uma mistura de três partes de farinha de soja (processada por pressão ou extraída por solvente e posteriormente aquecida, com um teor de gordura de 5 ou 7 %), uma parte de levedura de cerveja seca e uma parte de leite desnatado seco como substituto mais eficaz do pólen. Morse e Laigo (1968)

observou uma variedade de suplementos de pólen sugeridos e demonstrou que o melhor suplemento pode ser preparado misturando farinha de soja, levedura de cerveja seca e leite desnatado seco (4:1:1). Esta conclusão é bastante semelhante à de Haydak (1967). (Haydak et al., 1968) relataram que o fornecimento de farinha de linhaça, farinha de carne, farinha de amendoim ou protona na barra superior melhorou significativamente a criação de crias em colónias de A. mellifera.

Incentivados pelo trabalho pioneiro de Haydak (1933-1949), outros trabalhadores também concentraram a sua atenção na avaliação de uma variedade de fontes de proteínas para a alimentação das abelhas. Maurizio (1950) demonstrou que uma mistura de farinha de soja e leite em pó desnatado era muito eficaz na redução da mortalidade adulta e no aumento da longevidade adulta. Maurizio (1950) estudou o desenvolvimento das glândulas hipofaríngeas de abelhas recém-emergidas alimentadas com 11 formulações de dieta. Wahl (1954, 1963) demonstrou que as colónias confinadas, alimentadas com levedura de cerveja, levedura de Torula ou farinha de soja ou leite em pó, podem criar criação, mas a quantidade de criação era menor do que a das colónias alimentadas com pólen colhido de abelhas ou pão de abelha. Standifer et al. (1960) observaram a influência de um certo número de fontes de proteínas no desenvolvimento das glândulas hipofaríngeas e na longevidade das abelhas melíferas. O valor nutritivo destes alimentos não era satisfatório devido à deficiência de um ou mais aminoácidos. Wahl (1963) comparou o valor nutritivo do pólen, da levedura, da farinha de soja e do leite em pó e verificou que as misturas de pólen natural eram capazes de iniciar e manter a criação em colónias confinadas de abelhas melíferas de forma mais eficaz do que as outras proteínas testadas, como a levedura, a farinha de soja e o leite em pó.

Doull e Purdie (1966) relataram que o fornecimento de SMP+Krayeast na barra superior provocou uma produção de mel satisfatória. Enquanto que Forster (1966) descobriu que uma mistura de Krayeast + SMP e levedura de cerveja + farinha de soja + SMP fornecida fora da colónia não podia induzir criação suficiente e produção de mel. As experiências foram repetidas mais tarde por Forster (1968a, b) e a alimentação com levedura de Brewer + farinha de soja + PMS, mais uma vez, não conseguiu produzir efeitos desejáveis. Hagedorn e Moeller (1968) também observaram que a alimentação com farinha de soja ou farinha de soja + levedura de cerveja + PMS resultou num consumo satisfatório, mas a criação de crias foi menor e o desenvolvimento das crias foi mais lento na farinha de soja sozinha do que na formulação da dieta suplementada com levedura de cerveja + PMS. No entanto, Sheesley e Poduska (1968) observaram uma criação satisfatória de crias com a alimentação de farinha de soja na barra superior.

Banby e Gorgui (1970) relataram que a alimentação com farinha de favas, farinha de grão-de-bico torrado, farinha de milho e farinha de soja resultou numa melhor criação de crias, maior peso corporal das larvas, maior desenvolvimento das glândulas hipofaríngeas e maior longevidade das abelhas.

Mais tarde, Standifer et al. (1970, 1973a, b) avaliaram uma série de substitutos do pólen, mas concluíram que a eficácia biológica era menor em comparação com o pólen fresco. Stranger e Grip (1972) referiram que as colónias alimentadas com 10 fontes de proteínas, nomeadamente soro de leite (2 dietas), ração para cães Ralston Purina, proteína de soja, farinha de trigo, aveia em flocos, caseína sem vitaminas, Dadant's Quick Gro, pólen e pão de abelha, revelaram um aumento da população de abelhas. Stranger e Laidlaw (1974) confirmaram que a alimentação com barra superior de soro de leite proporcionou resultados altamente satisfatórios no que respeita à criação de criação.

Com base em estudos alargados de 3 anos, Herbert e Shimanuki (1977) avaliaram várias fontes de proteínas como alimento para as abelhas, incluindo nutrex 2.000, uma levedura seca por pulverização contendo 50% de proteínas, yeaco 20, uma levedura de cerveja seca por pulverização (43% de proteínas), soro de leite (20% de proteínas), soja (20% de proteínas). Os resultados do estudo revelaram que as abelhas podem utilizar muitas fontes de proteínas como substitutos do pólen e os resultados mais promissores, com base na criação de criação, foram encontrados com dietas que continham soro de leite ou yeaco 20. O glúten de milho foi considerado um atrativo promissor para as abelhas que pode ser misturado em formulações de dietas.

Herbert e Shimanuki, (1978b) relataram um aumento nos parâmetros da colónia alimentando as colónias de abelhas com uma dieta sintética misturada com cinzas de pólen. Também a dieta sintética misturada com vitaminas lipossolúveis aumentou a criação de crias até certo ponto (Herbert e Shimanuki, 1978c). Mel As colónias de abelhas alimentadas com substituto de pólen suplementado com 2, 4, 6 ou 8 % (peso seco) de lípido criaram significativamente mais criação até à fase selada do que as colónias alimentadas com o substituto sem lípido (Herbert e Shimanuki, 1978b, c).

Concluíram que os lípidos do pólen podem influenciar a produção de criação diretamente, bem como através do aumento da ingestão de pólen. Herbert et al. (1985) alimentaram colónias de abelhas com o substituto do pólen misturado com vitamina C e obtiveram resultados consideráveis em vários parâmetros das colónias.

Vários outros investigadores estudaram a influência positiva das fontes de proteínas no grau de consumo, na sobrevivência e na longevidade das abelhas, na criação de criação, no desenvolvimento de HPG, etc. (Standifer et al., 1960; Wahl, 1963; Stroikov, 1966; Sheeley e Poduska, 1968; Banby e Gorgui, 1970; Standifer et al., 1973b; Stranger e Laidlaw, 1974; Szymas, 1976; Alexandru et al, 1977; Standifer et al., 1977; Herbert e Shimanuki, 1978b; Herbert e Shimanuki, 1978c; Hussein, 1981; Peng et al., 1984; Shimanuki e Herbert, 1986; Chhuneja et al., 1992; Abbas et al., 1995; Srivastava, 1996; Sabir et al., 2000; Saffari et al., 2004; Lakra, 2006; DeGrandi-Hoffman, 2010; Sihag e Gupta, 2011). Por outro lado, vários trabalhadores relataram uma resposta insatisfatória ou negativa das fontes de proteína nos parâmetros da abelha melífera (Maurizio, 1950; Forster, 1966, 1968a, b; Hagedorn e Moeller, 1968; Standifer et al, 1970, 1973a; Free e Williams, 1971; Barker e Lehner, 1976; Peng e Jay, 1976; Barker, 1977; Doull, 1977; Corner, 1978; Atallah e Navy, 1979; Standifer et al., 1978; Taber, 1978; Doull, 1980a, b; Erickson e Herbert, 1980; Herbert e Shimanuki, 1983).

Uma gama diversificada de substâncias (pólen colhido de abelhas, pólen armazenado de abelhas = pão de abelhas, diferentes formas de levedura, clara de ovo, gema de ovo, ovo inteiro, albumina de ovo, lactoalbumina, grama descascada, grama preta, farinha de centeio, leite inteiro em pó, leite desnatado em pó, restos de carne, caseína comercial, farinha de trigo integral, farinha de aveia integral, farinha de peixe, farinha de milho, diferentes formas de farinha de soja e de farinha de soja, farinha de ervilha, farinha de sementes de algodão, farinha de amendoim, bagaço de amendoim, farinha de linhaça, Protone, farinha de fava, farinha de grão-de-bico torrado, farinha de milho, farinha de colza, puré de linho, óleo de amendoim, puré de tremoço, glúten de milho, glúten de trigo, farinha de algodão, aveia torrada, nutrex 2.000, yeaco 20, soro de leite, farinha de gérmen de trigo, farinha de batata, etc.), isoladamente ou em combinação, foram testados como fonte de proteínas para as abelhas.

Foram utilizados diversos parâmetros das colónias de abelhas para avaliar a influência das formulações da dieta, incluindo a percentagem de consumo, a postura de ovos, a criação de crias, a criação de zangões, a entrada de mel e pólen, a morfometria das abelhas, a mortalidade das abelhas, a longevidade, o desenvolvimento de HPG, a população de abelhas, etc.

Os resultados contraditórios de diferentes trabalhadores que utilizam formulações de dietas semelhantes podem dever-se à fonte do material, à sua composição, ao tipo de formulação, aos parâmetros de avaliação, às metodologias utilizadas, ao estado das colónias de abelhas, ao período do ano, etc. O mesmo grupo de investigadores apresentou resultados e interpretações diferentes quando estudaram o tema mais do que uma vez. A importância da fonte de proteínas (substituto do pólen) é frequentemente comparada com a importância do pólen, que é o alimento natural das abelhas. No entanto, a importância nutricional do pólen apresenta variações significativas relacionadas com a sua origem vegetal, idade, condições de armazenamento, etc. Com base nos resultados de diferentes investigadores, pode concluir-se que o pólen fresco é a melhor fonte nutricional de proteínas para as abelhas melíferas, seguido do pão de abelha e do pólen recolhido pelas abelhas. O teor proteico do pólen recolhido pelas abelhas diminui com a idade , mesmo quando é armazenado no frigorífico. De entre a variedade de substâncias proteicas testadas por diferentes trabalhadores, a farinha de soja desengordurada ou outras formulações de soja fornecem bons resultados que podem ser melhorados através da inclusão de levedura ou PMS ou ambos. Alguns dos materiais testados forneceram excelentes resultados como alimento para abelhas, mas não foi feito mais nenhum trabalho com eles, principalmente devido à base de custo-benefício.

Acredita-se geralmente que a alimentação artificial com substitutos do pólen torna as abelhas letárgicas ou preguiçosas e que as suas actividades de procura de alimento são reduzidas. Parece ser verdade até certo ponto. As colónias alimentadas com suplemento ou substituto de pólen + açúcar de desvio recolheram muito menos pólen do que as colónias de controlo (sem qualquer alimento externo). Assim, a alimentação com fontes de proteínas inibe a tendência para a procura de pólen (Sheeley e Poduska, 1968). Standifer et al. (1970) verificaram que houve uma redução do número de forrageadoras (abelhas que chegam) nas colónias alimentadas com substituto de pólen (25,7 abelhas/2 minutos) do que nas colónias de controlo (31,2 abelhas/2 minutos). O número de colectores de pólen também foi menor nas colónias alimentadas com substitutos de pólen (2,9 abelhas/2 minutos) em comparação com o controlo (6,9 abelhas/2 minutos). Observações semelhantes foram feitas por Chhuneja et al. (1993) que verificaram que a alimentação com substitutos de pólen resultou numa diminuição significativa do peso médio da carga de pólen, indicando uma queda na procura de pólen. No entanto, Goodwin et al. (1994) verificaram que a alimentação de colónias de abelhas melíferas com substitutos de pólen em pomares de kiwis não teve um efeito significativo na quantidade de pólen de kiwis recolhido, mas causou um declínio na quantidade de pólen recolhido de outras fontes. Assim, parece que a disponibilidade adicional de substituto do pólen pode causar um declínio na procura de alimento a longa distância. De facto, este impacto deve ser considerado mais positivo do que negativo, uma vez que, para poderem forragear a longa distância, as abelhas melíferas têm de consumir uma boa quantidade de alimentos, nomeadamente mel. Além disso, foi igualmente demonstrado que, quando uma fonte natural de pólen se torna disponível, o consumo de substitutos do pólen diminui (Doull, 1980). Por conseguinte, a alimentação artificial durante o período de escassez não deve ser encarada em termos de letargia das abelhas. A alimentação artificial é, de facto, mais uma emergência do que uma gestão regular das abelhas e, durante a época de fluxo de pólen, as abelhas preferem sempre consumir alimentos naturais. A quantidade de substituto de pólen selecionado a oferecer às colónias de abelhas deve ser decidida de acordo com a intensidade do período de escassez durante um período de tempo diferente (mês ou parte dele).

Há alguns relatórios em que até mesmo a toxicidade de conteúdos proteicos mais elevados dos substitutos do pólen foi relatada. Herbert et al. (1977) alimentaram abelhas melíferas em gaiolas com dietas contendo 5, 10, 23, 30 e 50 por cento de proteínas. Com níveis baixos de proteínas, a rainha pôs ovos e a criação continuou por curtos períodos. Com níveis elevados de proteínas (50%), as abelhas pareciam sofrer de toxicidade proteica, resultando na sua capacidade de defecar. O nível ótimo para alimentar as abelhas foi de 23%.

Alexandru et al. (1977) avaliaram várias dietas com proteínas e hidratos de carbono, medindo o aumento da área de criação e o forrageamento em Acacia por colónias às quais as dietas foram dadas na primavera. A melhor dieta continha partes iguais de leite em pó desnatado e levedura de cerveja, misturada com farinha de soja. Esta foi misturada com mel para fazer um rebuçado. Na primavera, foram dadas cem gramas de doce com um intervalo de 6 a 10 dias, o que aumentou a quantidade de criação e a produção de mel. Ao alimentar as colmeias com suplementos de pólen no outono, a quantidade de criação aumentou em 50% e a população das colónias em 3-4% antes do inverno.

Verificou-se que os produtos de soja são substitutos satisfatórios do pólen para as abelhas (Erickson e Herbert, 1980) e foi referido que a seleção do tipo de soja deve ser feita adequadamente. A farinha de soja deve estar isenta de inibidores de tripsina. Isto pode ser conseguido através de uma boa tostagem da farinha. Se a dieta for utilizada sem adição de pólen, o teor de gordura da farinha deve ser de cerca de 7 % e se 10-20 % de pólen forem misturados na dieta, o teor de gordura da farinha deve ser de 0,5 - 1 %. A farinha de soja deve ter um elevado teor de proteínas (45 a 60 %); um teor inferior (20 % ou menos) pode não estimular os efeitos desejados, como observado por vários trabalhadores.

Um substituto do pólen sugerido por Steve (1981) consiste em farinha de soja (55 %), açúcar (25 %), leite em pó (5 %) e água (10 %) que tem efeitos positivos na atividade de criação.

Silva e Silva (1985) relataram que uma quantidade consideravelmente maior de mel foi produzida por colónias de abelhas em São Paulo, Brasil, alimentadas com xarope de açúcar mais suplemento proteico (farinha de soja + 25% de pólen) antes do fluxo de néctar.

Eischen et al. (1982) encontraram uma correlação positiva entre o número de obreiras, a duração da vida adulta e o peso seco da prole de obreiras que as abelhas criaram e a quantidade de alimentos ricos em proteínas. Lehner (1983) relatou que as colónias de abelhas alimentadas com pólen criavam mais criação e tinham mais população de abelhas do que as alimentadas com farinha de soja e uma dieta à base de levedura de torula com uma concentração crescente de proteínas de 5 a 30 por cento. Não foi encontrada nenhuma diferença estatística na produção de criação em diferentes níveis de proteína nas formulações da dieta. Neste estudo, foi utilizado mel ou sacarose na preparação das dietas. Foi relatado que a sacarose aumenta a utilização de proteínas.

Herbert e Shimanuki (1983a) relataram que o substituto do pólen com pH de 6,6, 5,5 e 4,7 foi mais consumido do que aquele com pH inferior a 4,7 e superior a 8,0.

Rafique e Nasreen (1984) relataram que, durante o período de escassez de pólen, o fornecimento de açúcar e xarope de mel e a mistura de gema de ovo seca e farinha de soja deram bons resultados para o desenvolvimento da colónia. Peng et al. (1984) efectuaram uma experiência de alimentação para avaliar os efeitos do tempo de alimentação e dos tratamentos de alimentação na população de Apis mellifera e compararam o custo com o benefício da alimentação. As colónias alimentadas com suplemento proteico contendo 21% de proteína As colónias alimentadas com levedura de torula e xarope produziram significativamente mais abelhas do que as colónias de controlo não alimentadas.

Farooqui, (1986) estudou os efeitos nutricionais de diferentes alimentos para animais no desenvolvimento de A. mellifera. Dos 10 tratamentos, a dieta mais significativa foi o pólen. Garcia et al. (1986) determinaram que a dieta sintética composta por soja e milho com adição de metionina e lisina aumentou a viabilidade dos ovos. Cauto et al. (1989) estudaram os efeitos da alimentação com uma dieta contendo 53 % de farinha de soja, 27 % de farinha de trigo e 20 % de milho sobre a produção de alimento e de criação. Não observaram qualquer estimulação da postura de ovos de rainhas e da criação de crias.

Na Índia, Chhuneja et al. (1992) efectuaram estudos sobre seis substitutos do pólen, incluindo: levedura de cerveja + farinha de guar, levedura de cerveja + bagaço de mostarda, levedura de cerveja + grama seca, bagaço de amendoim moído + grama seca, bagaço de soja + grama seca, pepitas de soja + grama seca. Todos estes substitutos do pólen foram formulados de modo a terem 14,72 % de proteínas e 4 % de PMS. As dietas foram preparadas como patty com a ajuda de uma solução de sacarose a 50 %. As dietas à base de levedura de cerveja e de farinha de guar foram consumidas em quantidades significativamente maiores do que as outras e também resultaram numa maior criação e população de crias. Chhuneja et al. (1993) calcularam a mortalidade das crias (não seladas e seladas) em colónias alimentadas com diferentes substitutos do pólen. A mortalidade das crias foi mais baixa nas colónias alimentadas com pólen e farinha de levedura de cerveja do que nas colónias alimentadas com a dieta de controlo e com outras dietas.

A grama preta foi utilizada como substituto do pólen juntamente com açúcar, leite em pó desnatado, levedura e água para as abelhas no Paquistão e verificou-se que o número de quadros cobertos pelas abelhas, bem como a produção de mel por colónia, também aumentaram após a alimentação (Abbas et al., 1995). Srivastava (1996) referiu que um substituto de pólen quimicamente definido (caseína - 23 %, sacarose - 30,1 %, colesterol - 1 %, mistura de sal - 2 %, tocoferal - 0,5 %, alfecel - 32.4 % e vitaminas como a tiamina, a riboflavina, o ácido nicotínico, o pantotenato de cálcio, a piriodoxina, os colineclosídeos, o inositol, o ácido fólico, a biotina e a vitamina B_{12}), administrado às colónias de abelhas, teve um efeito positivo em todos os atributos da colónia de abelhas melíferas em relação ao controlo.

Os efeitos nutricionais de algumas fontes de proteína na longevidade, proteína corporal e teor de gordura das abelhas foram estudados por Abbasian e Ebadi (2002). A longevidade máxima (60,6 dias) foi registada com o suplemento de glúten de trigo e a mais curta (10,5 dias) com o substituto da farinha de soja. Sabir et al. (2000) testaram uma série de formulações de dieta (diferentes combinações de farinha de soja, farinha de milho, complexo de vitamina B, gema de ovo, glicina e metionina) para alimentação de abelhas durante o verão no Paquistão. Registou-se um aumento significativo da criação de crias, da população de abelhas e da produção de mel após a alimentação com todas as dietas experimentais. A alimentação suplementar ajuda as colónias a sobreviver, ou a torná-las mais populosas, podendo assim produzir mais mel ou polinizar melhor as culturas.

Foi demonstrado que os suplementos de pólen eram muito úteis para uma maior construção de favos, o que poderia, em última análise, facilitar a produção de criação, o reforço das colónias e a produção de mel (Abdalla, 2001; Pokhrel e Thapa 2004). Slabezeki et al. (2001) referiram que a alimentação das colónias de abelhas com suplementos de pólen aumentava a produção de mel um mês após o período de alimentação, mas não cinco meses mais tarde. Parravelez e Tobon (2001) descobriram que os patês de soja eram superiores ao pólen recolhido pelas abelhas no que diz respeito ao consumo de azoto e ao conteúdo de azoto dos seus corpos. Abdilla (2005) demonstrou que a alimentação de abelhas operárias recém-emergidas com substitutos do pólen resulta num desenvolvimento mais rápido das glândulas hipofaríngeas.

Alqarni (2006) referiu que o fornecimento de algumas dietas proteicas aumenta a longevidade das obreiras de A. mellifera e que o pólen armazenado pelas abelhas era a melhor fonte de proteínas, uma vez que também tem um efeito proeminente no desenvolvimento das glândulas hipofaríngeas. Saffari et al. (2006) desenvolveram um alimento artificial rico em proteínas para as abelhas melíferas, cujos ingredientes não são conhecidos. O seu nome comercial é "Feed-Bee". Afirma-se que é altamente palatável e bem aceite pelas abelhas, com um consumo médio de 959 g/colónia/seis semanas na experiência sem escolha e 883 g/colónia/seis semanas nos ensaios de alimentação com escolha. O seu fornecimento também aumenta significativamente a área de criação em cativeiro, as reservas de mel e a população de abelhas. Resultados mais ou menos semelhantes foram obtidos por Saffari et al. (2010) quando o estudo foi repetido.

Rogala e Szymas (2004) formularam e deram às abelhas uma dieta composta por 32 % de proteína de batata, 16 % de bagaço de soja, 6 % de bagaço de colza, 6 % de levedura candida utilis, 14,8 % de farinha de trigo, 17,5 % de grãos de milho, 3,3 % de óleo de soja, 0,5 % de lecitina de soja, 1,4 % de polfamix W, 0,2 % de vitazol AD3EC, 0,1 % de glucose com vitamina C. O nível final de proteínas em todas as rações foi ajustado para 21% através da mistura com pólen e açúcar em pó. Foi observado um efeito considerável no tamanho das glândulas hipofaríngeas, no tamanho do corpo adiposo e no número de hemócitos na hemolinfa. Baryezko & Szymas (2006) referiram que a adição de duas preparações probióticas "Biogen-N" (estimulante da imunidade e do crescimento para leitões, vitelos, potros e cabritos, contendo 4 estirpes do género Bifidobacterium bifidum e Enterococcus faecium, Lactobacillus acidophilus, Pediococcus acidophilus) e "Trilac" (formulação à base de microrganismos para restaurar a microflora gastrointestinal nos seres humanos) não teve influência significativa no aumento da ingestão de alimentos. Mas o número de casos fatais diminuiu entre as abelhas com o tratamento com o primeiro probiótico.

Gregory (2006) demonstrou os efeitos elevados das dietas proteicas no peso corporal e na longevidade das obreiras e nos seus níveis de proteína na hemolinfa. Foram observados melhores resultados com "Feed-Bee" ou pólen fresco em comparação com "Bee Pro" ou pólen velho. Avni et al. (2009) registaram um elevado consumo de dieta (farinha de soja torrada, pólen, açúcar e mel) alimentada nas barras superiores da colmeia.

As colónias com baixas reservas nutricionais reduzem a criação de crias (Keller et al., 2005a, b; Mattila e Otis, 2007; DeGrandi-Hoffman et al., 2008). Em alguns casos, a alimentação das colónias com suplementos proteicos pode fazer com que as populações de colónias cresçam a taxas semelhantes às das que são alimentadas com pólen (DeGrandi-Hoffman et al., 2008; Mattila e Otis, 2006a). Isto pode ser transferido para a introdução e outros locais onde a necessidade de alimentação artificial é enfatizada. Com base em experiências efectuadas com um suplemento proteico ("Mega Bee") e uma dieta sem proteínas (xarope de açúcar), DeGrandi-Hoffman et al. (2010) relataram que as abelhas alimentadas com açúcar tinham concentrações de proteínas mais baixas e glândulas hipofaríngeas mais pequenas em comparação com as abelhas alimentadas com proteínas. Pode existir uma ligação entre a dieta, os níveis de proteína e a resposta imunitária das abelhas e as perdas de colónias podem ser reduzidas aliviando o stress proteico através de alimentação suplementar.

Sihag e Gupta (2011) relataram um aumento na criação de crias quando as colónias de Apis melllfera foram alimentadas com soja, feijão-mungo, grão-de-bico e ervilha-de-angola, utilizando o método de alimentação em quadros durante os períodos de escassez. Abusabbah et al. (2012) observaram um aumento na criação de crias e nas reservas de mel nas colónias que receberam várias dietas, ou seja, pólen com levedura, grão-de-bico com levedura, tâmara comprimida, milho com levedura e pólen.

2.2.2 Alimentação suplementar com hidratos de carbono e seus efeitos no desenvolvimento das colónias

Um grande número de apicultores testou uma variedade de regimes alimentares à base de hidratos de carbono. Alguns alimentos são consumidos prontamente e em maior quantidade, enquanto outros não são aceites e, se forem aceites, o consumo é muito reduzido.

Rosov (1944) referiu que o consumo anual de mel por uma colónia de abelhas Apis mellifera L. era de 40-45 kg durante o verão, 20 kg durante o inverno e 6 kg utilizados na secreção de cera, num total de cerca de 70 kg por ano. Na Índia, verificou-se que o xarope de jaggery era facilmente aceitável para as abelhas como açúcar no Sul da Índia (Anónimo, 1951). No entanto, as abelhas não consomem normalmente o mel de jaggery e ficam disentéricas se o ingerirem devido a uma grande escassez de néctar, sobretudo nos climas mais frios e no inverno (Mutto, 1947; Mullick, 1948). Prepara-se um xarope de jaggery com uma consistência mais fina do que a de 50 por cento de açúcar. Adicionam-se algumas gotas de sumo de limão ao xarope antes da alimentação. As abelhas aceitaram prontamente este xarope e não mostraram qualquer efeito adverso (Ghatge, 1947).

Bhatia e Pingale (1954) alimentaram pequenas colónias com glucose contendo sumo de (Agave Veracruz) ou polifrutosano puro. Stute (1958) realizou várias experiências na Alemanha, alimentando as abelhas com um extrato de casca de laranja fresca ou seca, depois de o ter tratado com difenil para eliminar o seu amargor, e observou que o extrato adoçado com açúcar ou mel, que designou por chá de abelha, pode ser utilizado com segurança como alimento para as abelhas. Free e Spencer-Booth (1961) alimentaram 3 grupos de 7 colónias com xarope de açúcar concentrado e diluído e sem xarope durante a primavera, o verão e o outono durante 3 anos. O xarope de açúcar concentrado foi consumido em maior quantidade do que o xarope de açúcar diluído e também aumentou a atividade de criação de abelhas até certo ponto.

Sheeley e Poduska (1968) referiram que as colónias de abelhas alimentadas com açúcar desviado (92 % de sacarose, 8% de açúcar invertido e 1% de pólen) apresentavam uma maior postura de ovos pela rainha e uma maior área de criação. Jaycox (1969) recomendou que, nas regiões mais temperadas, uma colónia deveria dispor de 18 a 27 kg de mel como reserva alimentar de inverno. Farrar (1963) refere que as boas colónias da maior parte das regiões setentrionais consomem cerca de 22-25 kg de mel, desde que a criação termina no outono até que se possa recolher néctar suficiente na primavera para sustentar a colónia. Patriot (1980) registou a perda de peso das colónias durante catorze Invernos em França e verificou que a perda de peso total média no inverno era de 7,0, 7,9 e 7,2 kg para os apiários situados a menos de 300, 300 a 500 e 500 a 1000 metros de altitude, respetivamente. A perda média de peso no inverno, considerando todas as colmeias em conjunto, variou entre 5 kg e 12 kg. Tendo em conta estes factores, concluiu que as colónias de abelhas devem dispor de uma reserva alimentar de pelo menos 12 kg durante o inverno.

Standifer et al. (1970) relataram que as colónias de abelhas alimentadas com Bee Vert (açúcar invertido mais um por cento de sacarose) criaram mais criação e produziram duas vezes mais forrageiras do que as colónias de controlo. Waller (1972) relataram que soluções de néctar e açúcar contendo 30-50% de concentração de açúcar provocam a resposta máxima de recolha por parte das abelhas. O néctar é manipulado e enzimaticamente convertido em mel pelas abelhas. A colónia perecerá sem o mel como fonte de energia, mesmo que uma grande quantidade de pólen ou de criação de abelhas possa ser armazenada nos favos. A sacarose, a glicose e a frutose são os açúcares predominantes no néctar, embora muitos outros tenham sido identificados, geralmente em quantidades vestigiais (White, 1975).

Barker e Lehner (1973) estudaram o consumo de xarope de mel, sacarose e xarope de açúcar misto (composto por 13 açúcares diferentes) pelas abelhas. O estudo revelou ainda que o consumo de xarope de mel e de xarope de sacarose foi em média de 23,7 mg e 5,9 mg por abelha e por dia. Finalmente, concluíram que as abelhas mostraram preferência pela solução com mel em relação à sacarose ou aos açúcares mistos. Além disso, Barker e Lehner (1974) testaram um certo número de açúcares como a L-arabinose, a D-xilose, a D-frutose, a D-glicose, a D-galactose, a D-manose, a lactose, a maltose, a melibiose, a sacarose, a trealose, a melezitose e a rafinose e concluíram que a sacarose era superior aos outros açúcares, tanto em termos de aceitação como de valor nutritivo. Jachimowiez e Ruttner (1974) referiram que uma mistura contendo 70 % de açúcar em pó, 15 % de mel e 10 % de açúcar invertido (com 1 frasco pequeno de fumidil 'B' por 20 kg de açúcar) pode ser administrada com êxito a colónias fortes e activas como alimento estimulante da primavera.

As dietas formuladas com sacarose foram consumidas em maior quantidade pelas colónias do que as formulações que continham outros açúcares (Herbert e Shimanuki, 1978). A taxa de consumo de mel, sacarose ou xarope de milho rico em frutose em condições de gaiola foi, no entanto, encontrada quase igual (Barker e Lehner, 1978). Atallah e Naby (1979), no Egito, não observaram diferenças significativas na criação e na produção de mel entre colónias alimentadas com açúcar invertido durante o período de escassez de néctar e colónias alimentadas com xarope de sacarose ou com reservas normais de mel. Concluiu-se que o açúcar invertido era um substituto satisfatório da sacarose para as colónias durante o período de escassez de néctar.

Zmarlicki e Marcinkowski (1979) relataram que as colónias de abelhas alimentadas com vários alimentos estimulantes na primavera apresentaram um aumento de aproximadamente 6 % na criação. Hussein (1979) demonstrou que a adição de cerca de 0,5% de ácido ascórbico ao xarope de açúcar produziu um aumento significativo (32%) na criação de criação do que o controlo. É interessante notar que em Machil, J & K, Índia, os apicultores suplementam as reservas das colónias durante o inverno fornecendo pedaços de abóbora madura (Shah, 1978). Mas foi relatada a morte de larvas com 3-4 dias de idade quando as colónias foram alimentadas com sumos (Sevast et al., 1958). Atallah e Naby (1980) também experimentaram xarope de cana de açúcar, açúcar invertido, extrato de tâmara e solução de sacarose (1:1) para um grupo de 100 abelhas operárias recém-emergidas em condições de gaiola. Relataram que as dietas artificiais de açúcar não refinado, sob a forma de xarope de cana, produziam conteúdos rectais ácidos, que eram prejudiciais para as abelhas em gaiolas.

Ibrahim (1982) alimentou grupos de abelhas operárias famintas com sete alimentos diferentes, cada um contendo 50 por cento de açúcar. A taxa de consumo foi mais elevada para o xarope de mel, seguida da solução de açúcar invertido, do xarope de açúcar normal, da solução de frutose pura, da solução de glucose comercial e da solução de melaço.

Verma e phogat (1982) relataram que a alimentação com xarope de açúcar fortificado com 0,75 por cento de vitamina C, melhorou a construção de favos (em 32%), a criação de crias (em 110,37%), a atividade de forrageamento e o comportamento defensivo em colónias de A. cerana indica. Singh e Verma (1983) verificaram que as colónias fracas construíam mais favos e criavam mais criação quando alimentadas com xarope de açúcar contendo antibióticos, do que quando alimentadas com xarope de açúcar simples. A alimentação com xarope de açúcar feito com água com extrato de solo melhorou a recolha de pólen em Bangalore, Karnataka (Raj e Basavanna, 1983). A alimentação com xarope de açúcar também resultou numa maior taxa de sobrevivência e numa maior duração de vida das abelhas do que quando alimentadas com outros alimentos com hidratos de carbono (Mishra et al., 1984).

Com base em experiências de alimentação com diferentes tipos de hidratos de carbono, Herbert (1992) sugeriu que o suplemento ideal de hidratos de carbono para as abelhas melíferas é a sacarose (2 partes de açúcar, 1 parte de água). Na primavera, uma solução menos concentrada de açúcar contendo 1 parte de açúcar para 1 parte de água é melhor. Khorvash et al. (1995), no Irão, alimentaram as colónias de controlo com açúcar branco refinado e as colónias de teste com vários tipos de açúcar não refinado e obtiveram resultados satisfatórios mesmo com o açúcar não refinado. No entanto, a utilização de açúcares não refinados como o gur, o shaker ou o sumo de cana na alimentação das colónias de abelhas foi relatada como causadora de disenteria (Atwal, 2001).

Nabors (1996) testou a palatabilidade de diferentes misturas de sacarose e dextrose e concluiu que misturas de sacarose com até 60% de dextrose poderiam ser usadas como alimento para abelhas melíferas. Chandel e Kumar (2000) verificaram que eram necessários 1500 g de açúcar para obter um aumento significativo da área de criação de A. mellifera durante a disponibilidade de pólen de milho. Tem sido referido que a alimentação suplementar, em geral, aumenta as reservas alimentares das colónias de abelhas (Free e Spencer-Booth, 1961; Nuri e Mishenko, 1970).

Krol (1993) alimentou as colónias experimentais com xarope de açúcar (1:1) suplementado com vitamina B1 e as colónias de controlo com xarope de açúcar (1:1). As colónias experimentais produziram mais cria (40 %) e mais mel (30 %) do que as colónias de controlo. No Sul da Índia, não havia tradição de alimentar as abelhas, pelo que a produção de mel era menor. Foi relatado que a produção anual de mel de 600-800 kg num apiário aumentou para mais de 2.000 kg após a prática de troca de favos velhos e alimentação com açúcar (Olsson, 1995). Sharma (2002) referiu que as colónias de A. cerana que receberam 3 kg de alimentação suplementar com açúcar tinham significativamente mais população de colónias, pólen e reservas de mel do que as que receberam 1 kg de alimentação. Foi relatado que as abelhas melíferas são altamente sensíveis a fagoestimulantes como a sacarose (Scheiner et al., 2004) e que a adição de fagoestimulantes afecta grandemente o consumo de patty (Keller et al., 2005a, b). As dietas que contêm sacarose ou glucose pura como adoçantes de hidratos de carbono perdem rapidamente água, endurecem e torna-se difícil para as abelhas comerem. A redução do nível de glucose para 75% ou menos e a substituição da sacarose por frutose produzem uma textura de dieta macia e aceitável que perde pouca água e pode ser facilmente consumida pelas abelhas (Hanna e Schmidt, 2004). Uma combinação de açúcar de 50% de frutose e 50% de glucose parece ser ideal.

A Índia é um país importante do ponto de vista da apicultura e da produção de mel. A maior parte do trabalho de investigação sobre os substitutos do pólen e a sua importância para a apicultura foi realizada em países estrangeiros, cujas recomendações não podem ser adoptadas no nosso país porque existem grandes diferenças nas condições eco-climáticas, na diversidade floral e na disponibilidade de matérias-primas, nas necessidades específicas e nos aspectos económicos. O principal ponto de diferença é o seguinte: no mundo ocidental, as colónias de abelhas precisam de alimentação de inverno, enquanto nós precisamos de alimentação de verão, o prazo de validade da formulação do regime alimentar não será o mesmo em dois locais. Um ingrediente pode ser mais barato num local do que no outro. Apenas alguns trabalhadores indianos tentaram investigar a influência do suplemento de pólen e das formulações de substituição. Por conseguinte, é necessário mais trabalho científico nesta direção com uma abordagem holística para melhorar a sobrevivência das colónias de abelhas durante o período de escassez e para reforçar a nossa economia nacional através da indústria apícola.

CAPÍTULO 3

Materiais e métodos

A presente investigação, intitulada "Estudo sobre a avaliação de algumas dietas artificiais, incluindo substitutos do pólen e suplementos para a apicultura comercial na Índia", foi efectuada em dois locais (apiários) de Apis mellifera L. mantidos em Panchkula, Haryana (Apiário 1) e no Campus da Universidade de Jiwaji, Gwalior, Madhya Pradesh (Apiário 2), entre 2008 e 2011. Os vários materiais e técnicas utilizados para atingir os objectivos são discutidos nas rubricas seguintes:

3.1 Gestão das colónias de abelhas

No início das experiências, o número necessário de colónias de A. mellifera foi adquirido na quinta de apicultura Sharma, Jalouli, Panchkula e apicultores do distrito de Zora, Morena.

Todas as colónias experimentais foram igualadas em termos de força, área de criação, número de quadros cobertos de abelhas (6), reservas de pólen e mel, etc. Foram dados dois quadros vazios a cada colónia para um maior crescimento devido à alimentação artificial. Todas as colónias selecionadas eram saudáveis e não apresentavam qualquer tipo de doença ou infeção.

No entanto, o estado das colónias selecionadas para a experiência no apiário 1 era muito melhor do que o do apiário 2, onde as colónias tinham menor quantidade de reservas de alimentos, área de criação não selada e selada. As colónias com uma distância adequada entre elas foram mantidas de acordo com os métodos padrão.

3.2 Recolha de pólen

A colheita do pólen, a ser utilizado como um dos ingredientes da formulação da dieta, foi efectuada através da instalação de uma armadilha para pólen na entrada da colmeia. A adição de pólen à dieta torna-a mais palatável e nutritiva para as abelhas. A armadilha para pólen é um dispositivo de madeira fixado à entrada da colmeia durante a estação de fluxo de pólen, ou seja, nos meses de outubro a março (Figura 1). Decidiu-se retirar as armadilhas para pólen de três em três dias, com um intervalo de um dia, de modo a que uma certa quantidade de pólen continue a passar para o interior das colmeias. Todas as abelhas que entram, incluindo as que estão carregadas de pólen nos seus cestos de pólen, passam através de uma tela com orifícios do tamanho de uma abelha. As cargas de pólen deslocam-se e caem no tabuleiro de recolha. Os agregados de grãos de pólen foram retirados do tabuleiro de recolha da armadilha para pólen.

3.2.1 Conservação do pólen

O pólen recolhido pelas abelhas é um produto perecível e a sua conservação e armazenamento são bastante difíceis. O pólen armazenado de forma incorrecta pode ser infetado por microrganismos, nomeadamente fungos, que podem alterar e degradar os nutrientes do pólen e produzir toxinas. Se esse pólen for utilizado na formulação de dietas artificiais, pode ter um impacto negativo no crescimento e na criação das crias (Levin e Haydak, 1957; Haydak, 1963; Hagedom e Moeller, 1968). No presente estudo, o pólen foi seco para reduzir o teor de humidade para menos de 10%, logo que possível após a colheita, utilizando os dois métodos seguintes:

1) Secagem à temperatura ambiente

O pólen recolhido nos meses de novembro e dezembro tem um elevado teor de humidade devido à presença de uma elevada humidade atmosférica. Em primeiro lugar, o pólen foi limpo manualmente para remover as partículas estranhas, as abelhas mortas ou as partes do seu corpo, o pó ou o feno, etc. Em seguida, foi espalhado suavemente sobre papel absorvente para secar à temperatura ambiente, longe da luz solar direta (Figura 2).

2) Secagem à luz artificial

Foi também utilizado outro método simples para secar o pólen recolhido. Uma lâmpada normal (20^0W e 220V) foi suspensa a uma altura de cerca de 20 cm acima de uma caixa de cartão contendo pólen limpo uniformemente espalhado, de modo a que o pólen não aqueça mais de 40 a 45^0C (Krell, 1996).

3.2.2 Armazenamento de pólen

O pólen, tal como outros alimentos ricos em proteínas, perde rapidamente o seu valor nutritivo quando armazenado incorretamente. O pólen fresco armazenado à temperatura ambiente perde a sua qualidade em poucos dias. Um armazenamento mais prolongado e incorreto do pólen leva à perda de alguns aminoácidos específicos, que causam deficiências na criação de raças (Dietz, 1975). Foi relatado que o pólen pode ser congelado a -15°C durante muitos anos sem perda de qualidade, conforme testado através da alimentação de colónias de abelhas melíferas e do registo da taxa de criação (Dietz e Stevenson, 1975, 1980). Para o presente estudo, o pólen, seco como acima referido, foi colocado num recipiente hermético e armazenado num congelador (-20°C) até ser utilizado (Figura 3).

Figura 1: Armadilha de pólen instalada na entrada da colmeia

Figura 2: Secagem do pólen recolhido pelas abelhas à temperatura ambiente

Figura 3: Armazenamento dos grãos de pólen em recipientes herméticos

3.3 Avaliação do período de escassez

Devido à escassez de flora apícola suficiente, particularmente durante o período de verão, de abril a setembro, a tarefa da apicultura torna-se difícil e problemática. As reservas de mel e pólen são rapidamente consumidas durante este período e as actividades gerais das abelhas melíferas, incluindo a procura de alimentos, a postura de ovos e a criação de crias, são reduzidas. Além disso, a área de cobertura das abelhas e a população de abelhas também se reduzem. As colónias ficam sujeitas aos efeitos drásticos da insolação, das ondas de calor, da falta de água e dos ataques de inimigos como as formigas pretas, as vespas e as abelhas selvagens. Pode ocorrer uma grande mortalidade em algumas das colónias, o que provoca a fuga, a rápida diminuição e a morte. Para evitar grandes perdas, o apicultor deve tomar as medidas adequadas no momento certo. As colónias devem ser transferidas para um local mais seguro, com uma flora apícola ideal, ou deve ser-lhes fornecida alimentação artificial adequada. Para além do calendário apícola da respectiva área, os dados de informação baseados no estudo dos parâmetros das colónias durante o período de escassez podem ajudar de várias formas a uma gestão apícola bem sucedida. Foram feitos muito poucos estudos sistemáticos para observar e analisar os parâmetros das colónias durante o período de escassez numa área apícola. Por conseguinte, foi realizado um estudo sobre as colónias não alimentadas com qualquer substituto ou suplemento de pólen de abril a setembro para avaliar a gravidade do período de escassez. Para isso, o número necessário de colónias foi mantido apenas com xarope de açúcar a 50%. Não foi fornecido qualquer substituto ou suplemento de pólen. Foram feitas e registadas observações sobre vários parâmetros da colónia: postura de ovos, criação selada e não selada, reservas de mel e pólen.

3.4 Ingredientes das formulações das dietas experimentais

Os seguintes ingredientes foram utilizados para a preparação de formulações de dietas experimentais utilizando as suas diferentes combinações. Estas formulações foram utilizadas primeiro para uma seleção preliminar seguida de experimentação detalhada:

- Farinha de soja desengordurada (DSF): A farinha de soja desengordurada (marca Allegro) foi adquirida diretamente ao fabricante, Super Foods, Chandigarh. De acordo com as especificações, mencionadas na embalagem, tem 50 g de proteínas, 0,5 g de gordura e 28 g de hidratos de carbono por 100 g.
- Grama seca: A grama seca foi comprada no mercado local e moída com a ajuda de um pilão para obter um pó fino. A percentagem de proteínas foi estimada de acordo com Lowry et al., (1951) e verificou-se que era de 20 por cento.
- Levedura de cerveja: A levedura de cerveja foi adquirida na Shivalik Mount Brewery Limited, Punjab. Foi mantida no frigorífico até ser utilizada. A proteína foi estimada em 42 gm por 100 gm (Lowry et al., 1951).
- Leite em pó desnatado: Leite em pó desnatado de primeira qualidade Madhu, fabricado por Haryana Milk Foods Limited, Kaithal, Haryana.
- Hidrolisado de proteínas em pó: O pó de hidrolisado de proteínas foi adquirido à Acme Foods and Nutraceuticals, Gwalior. Era altamente higroscópico e, de acordo com as especificações, tem aproximadamente 65 gm de proteínas por 100 gm.
- Spirulina: A espirulina em pó (algas verdes azuis) também foi adquirida à Acme Foods and Nutraceuticals, com 63 g de proteínas por 100 g, de acordo com as especificações da embalagem.
- Pólen: O pólen natural foi recolhido e conservado como descrito anteriormente. A percentagem de proteínas foi calculada em cerca de 22% pelo método de Lowry et al., (1951).
- Açúcar: O açúcar foi adquirido no mercado local. Em seguida, foi moído até ficar em pó com a ajuda de um almofariz e de um pilão.
- Glicose: A glucose em pó também foi adquirida no mercado local
- Mel: O mel natural foi adquirido na exploração apícola de Sharma, Jalouli, Panchkula

3.4.1 Formulações de dietas experimentais

Uma dieta completa e equilibrada deve conter todos os mega (proteínas, hidratos de carbono, gorduras) e micro (vitaminas, minerais) nutrientes. Além disso, deve ter uma palatabilidade e aceitabilidade satisfatórias e uma taxa de consumo elevada. Os alimentos devem também ser fáceis de digerir e assimilar. A inclusão de antioxidantes na dieta ajuda a remover os radicais livres e as toxinas do corpo e aumenta a vitalidade e a longevidade.

A farinha de soja tem um teor muito elevado de proteínas, mas na sua forma bruta não é um

alimento muito adequado, porque também tem uma maior quantidade de gorduras, o que não é desejável para os seres humanos e para as abelhas. Também contém inibidores de tripsina, o que a torna um alimento inadequado. No entanto, a farinha de soja desengordurada está isenta de ambos os inconvenientes, gorduras e (STI), pelo que é um bom ingrediente rico em proteínas para formulações de dietas. A farinha de grama seca e o leite em pó desnatado (LPD) são também alimentos ricos em proteínas que são frequentemente utilizados em formulações de dietas experimentais para abelhas. As desvantagens das formulações ricas em SMP foram por alguns trabalhadores. A sua elevada concentração em combinação com açúcar e glucose é suscetível de ser infetada por fungos e outros microrganismos e pode apresentar efeitos tóxicos para as abelhas. Vários nutricionistas já assinalaram que os alimentos fermentados são melhores para a digestão do que os não fermentados. Na maior parte das dietas artificiais utilizadas para a criação de insectos, a levedura é um dos componentes essenciais. A levedura de cerveja foi incluída nas formulações das dietas com o pensamento de que a sua proteína fermentada pode não só ser melhor aceite e digerida pelas abelhas, como também facilitará a digestão e a absorção de outros nutrientes. O pólen é o alimento proteico natural das abelhas melíferas e a maior parte dos investigadores que trabalham com dietas artificiais para abelhas utilizaram-no nos seus estudos. As formulações que contêm pólen são designadas por suplementos de pólen, ao passo que as dietas à base de alimentos com pólen são conhecidas como substitutos do pólen. Teoricamente, deve ser o melhor ingrediente de um alimento artificial para abelhas melíferas. Mas, na realidade, não é assim, pois o seu prazo de validade é fraco e o pólen velho e armazenado torna-se menos aceitável para as abelhas. Por conseguinte, deve ser dada mais atenção aos substitutos do pólen do que aos suplementos.
No presente estudo, para além dos ingredientes utilizados por trabalhadores anteriores, foram incluídos pela primeira vez dois novos ingredientes. Apresenta-se de seguida uma breve descrição dos mesmos:
O hidrolisado de proteínas de soja é, de facto, proteínas de soja parcialmente hidrolisadas sob a forma de oligopeptídeos e, recentemente, foi salientado que pode ser uma melhor escolha para as crianças e pessoas que não toleram alimentos à base de leite e pode ser recomendado a doentes que necessitam de uma dieta rica em proteínas. Foi mesmo considerado melhor do que a mistura de aminoácidos livres. Algumas empresas lançaram pós à base de hidrolisado de proteínas para consumo humano. Por conseguinte, também foi incluído no presente estudo.
A Spirulina é uma bactéria ciano (azul-verde) e é conhecida como "o melhor alimento para o futuro", uma vez que é extraordinariamente rica em proteínas (60-70 %), vitaminas, minerais e fito-nutrientes (Alvarenga et al., 2011; Yilmaz, 2012). A ausência de uma parede celular de celulose na Spirulina torna-a altamente digerível e pode ser um alimento preferido para as abelhas. Para além das formulações em cápsulas e comprimidos, foram também introduzidos recentemente produtos alimentares à base de Spirulina (Agrawal, 2012a, b). Por conseguinte, também foi experimentada no presente estudo como componente de uma formulação de substituição do pólen. Foram preparadas várias formulações de dietas (cerca de 20) para o seu rastreio preliminar em colónias de abelhas melíferas, misturando diferentes ingredientes em diferentes proporções. Os dados pormenorizados destas formulações não são fornecidos aqui, a composição das dietas é apresentada no quadro 1. Com base nos resultados obtidos em

experiências preliminares, foram selecionadas as seguintes seis formulações de dietas para uma experimentação mais detalhada (Quadro 2).

Tabela 2 - Composição das formulações de dieta preparadas para o rastreio preliminar

Diet code	DSF	PG	BY	SKM	SPH	SP	P	S	G	H
A	50	-----	-----	------	------	------	------	33.3	16.7	-----
B	-----	50	------	------	------	------	------	33.3	16.7	-----
C	-----	------	50	------	------	------	------	33.3	16.7	-----
D	-----	------	------	50	------	------	-----	33.3	16.7	-----
E	-----	------	------	------	50	------	-----	33.3	16.7	-----
F	-----	------	------	------	------	50	-----	33.3	16.7	-----
G	30	10	10	------	------	------	-----	50	------	-----
H	16.7	16.7	16.7	------	------	------	-----	33.3	16.7	-----
I	16.7	------	16.7	------	16.7	------	-----	33.3	16.7	-----
J	16.7	------	16.7	------	------	16.7	-----	33.3	16.7	-----
K	20.7	------	20.7	------	------	8.3	-----	33.3	16.7	-----
L	16.7	------	------		------	------	-----	33.3	16.7	-----
M	16.7	------	------	16.7	------	16.7	-----	33.3	16.7	-----
N	16.7	------	------	------	------	------	16.7	33.3	16.7	-----
O	------	33.3	------	------	------	------	16.7	33.3	16.7	-----
P		-----	------	33.3		------	16.7	33.3	16.7	-----
Q	16.7	-----	16.7	-----	8.3		8.3	33.3	16.7	-----
R	------	-----	-----	-----	-----	33.3	16.7	33.3	16.7	-----
S	-----	-----	-----	-----	33.3	------	16.7	33.3	16.7	-----
T	-----	-----	-----	------	------	16.7	-----	-----	-----	83.3

Os valores estão em percentagem

Tabela 3 - Composição das formulações de dieta (%) selecionadas para estudo detalhado

Diet code	DSF	PG	BY	SKM	SPH	SP	P	S	G	H
D 1	16.7	16.7	16.7	-----	-----	-----	----	33.3	16.7	-----
D 2	20.7	-----	20.7	------	-----	8.3	-----	33.3	16.7	-----
D 3	16.7	-----	16.7	------	16.7	-----	-----	33.3	16.7	-----
D4	16.7	-----	16.7	------	8.3	-----	8.3	33.3	16.7	-----
D 5	-----	-----	-----	------	-----	16.7	----	-----	-----	83.3
D 6	30	-----	10	10	-----	-----	----	50	-----	-----

*Foi adicionado mel natural como atrativo para as abelhas a 10 gm/200gm de cada empada
(DSF: Farinha de Soja Desnatada, PG: Grama Desidratada, BY: Levedura de cerveja, SKM: Leite em pó desnatado, SPH: Hidrolisado de proteína de soja, SP: Spirulina, P: Pólen, S: Açúcar, G: Glicose, H: Mel)

Os constituintes individuais de cada dieta foram misturados de acordo com a proporção indicada em recipientes separados e, em seguida, foi-lhe adicionada água de modo a fazer uma pasta espessa. Em seguida, a mistura foi mantida em durante a noite para a penetração adequada dos edulcorantes (açúcar e glucose) na dieta (Figura 4-9). No dia seguinte, os hambúrgueres de cada dieta foram preparados adicionando a quantidade necessária de água e misturando bem com a ajuda de uma espátula.

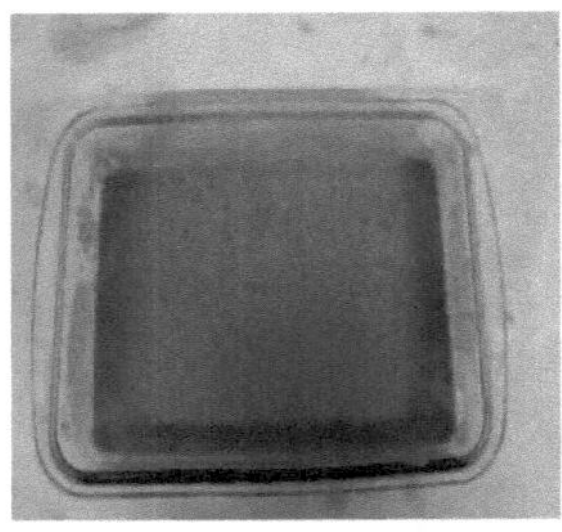

Figura 4: Dieta 1
Figura 5: Dieta 2

Figura 6: Dieta 3
Figura 7: Dieta 4

Figura 8: Dieta 5
Figura 9: Dieta 6

Na dieta n.º 4, foi adicionado pólen natural para preparar o suplemento de pólen. Nas restantes dietas (1, 2, 3, 5 e 6), não se adicionou pólen, pelo que estas dietas se enquadram na categoria de substitutos de pólen. A proporção dos diferentes componentes das dietas foi decidida de modo a que a percentagem total de proteínas se mantivesse entre 10 e 25 por cento em todas as dietas. A percentagem de proteínas das dietas 2, 3 e 4 foi muito mais elevada do que nas outras dietas devido à adição de hidrolisado proteico e de spirulina em pó, que têm uma quantidade muito elevada de proteínas do que os outros componentes (farinha de soja, leite em pó desnatado, levedura).

3.4.2 Aumentar a atração das abelhas por dietas formuladas

Observou-se que as dietas formuladas oferecidas às colónias de abelhas melíferas ficam um pouco secas ao longo de um período de 7 dias, e este problema pode ser mais grave durante condições climáticas extremamente quentes. Além disso, existe a possibilidade de contaminação ou infeção da dieta com microrganismos que podem afetar a alimentação líquida ou podem também ser a causa de doenças das abelhas. Por conseguinte, decidiu-se adicionar um pouco de mel às formulações do regime alimentar, uma vez que isso evitará a sua secagem. Além disso, o mel é um conservante bem conhecido devido às suas propriedades anti-sépticas e anti-bióticas. Para além disso, o mel é um alimento energético natural para as abelhas melíferas, o que também aumenta a palatabilidade e a taxa de consumo líquido. Para o efeito, foram adicionados dez gramas de mel por 200 gramas de massa.

3.5 Alimentação com dieta artificial

Existem diferentes métodos de alimentação artificial das abelhas melíferas, como a alimentação em quadros, a alimentação nas barras superiores e a alimentação à entrada da colmeia. No presente estudo, a dieta foi alimentada nas barras superiores da colmeia, que é o método de alimentação mais amplamente aceite (Haydak, 1967) (Figura 10A-10F).

Alimentação preliminar de formulações de dietas

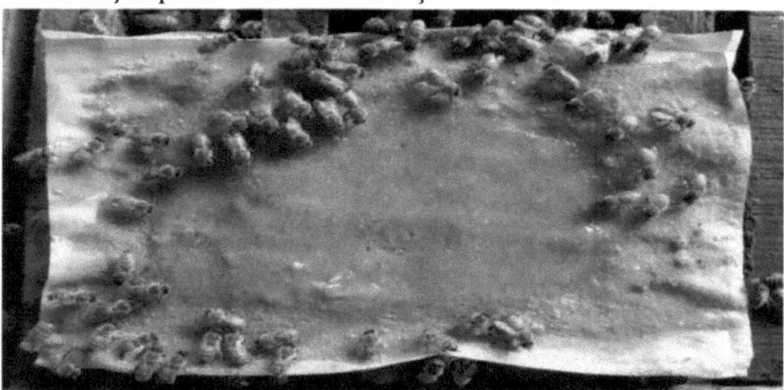

Figura 10A: Alimentação preliminar da dieta 1

Figura 10B: Alimentação preliminar da dieta 2

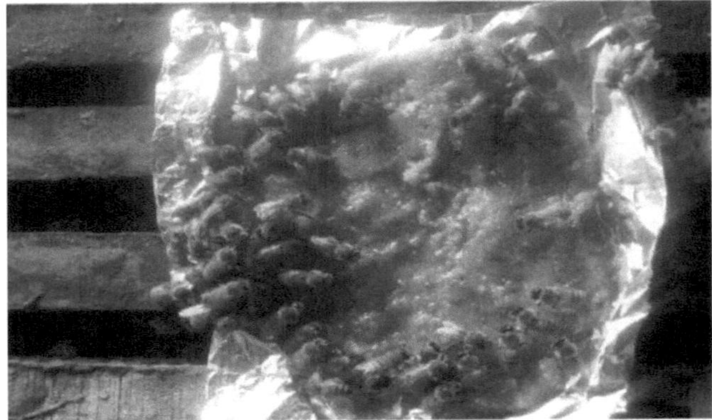

Figura 10C: Alimentação preliminar da dieta 3

Figura 10D: Alimentação preliminar da dieta 4

Figura 10E: Alimentação preliminar da dieta 5

Figura 10F: Alimentação preliminar da dieta 6

O estudo pormenorizado sobre a influência das formulações artificiais da dieta foi realizado durante os períodos de seca do verão, ou seja, de abril a agosto de 2009 e 2010, nos dois apiários mencionados anteriormente.

O fornecimento da dieta foi efectuado sob a forma de patês durante um período de alimentação de 14 dias.

Duzentos gramas de patty de cada dieta foram embrulhados em papel manteiga e a superfície inferior do pacote de papel foi perfurada em vários lugares. O pacote de ração assim preparado foi então colocado nas barras superiores da colmeia ((Figura 11-16). As abelhas são atraídas para se alimentarem da dieta, pois as pequenas quantidades de material de alimentação saem pelos buracos do pacote. Mais tarde, as abelhas rasgam o papel para acelerar o seu ritmo de alimentação, que depende em grande medida de vários factores que determinam a aceitabilidade da dieta. Registaram-se as observações sobre a quantidade de dieta consumida num período de catorze dias. Para calcular a quantidade de dieta consumida, pesou-se a quantidade restante do patty numa balança eletrónica de alta precisão (Mettler).

Alimentação da formulação da dieta nº 1

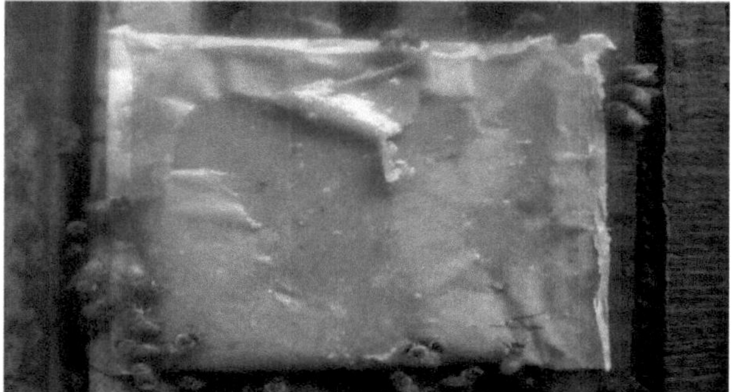
Figura 11a: Primeiro dia de alimentação com a dieta 1

Figura 11b: Sétimo dia de alimentação com o regime 1

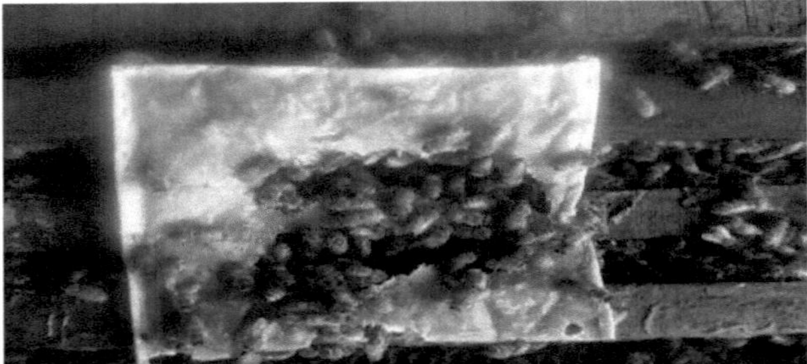

Figura 11c: Décimo quarto dia de alimentação com a dieta 1

Alimentação da formulação da dieta nº 2

Figura 12a: Primeiro dia de alimentação com a dieta 2

Figura 12b: Sétimo dia de alimentação com o regime 2

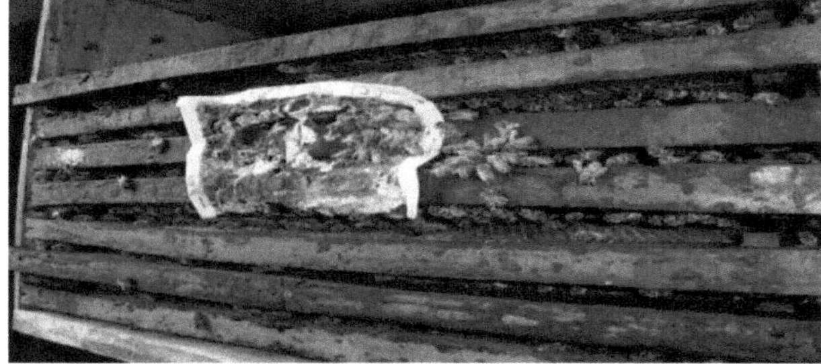
Figura 12c: Décimo quarto dia de alimentação com a dieta 2

Alimentação com a formulação de dieta nº 3

Figura 13a: Primeiro dia de alimentação com o regime 3

Figura 13b: Sétimo dia de alimentação com o regime 3

Figura 13c: Décimo quarto dia de alimentação com a dieta 3

Alimentação da formulação da dieta nº 4

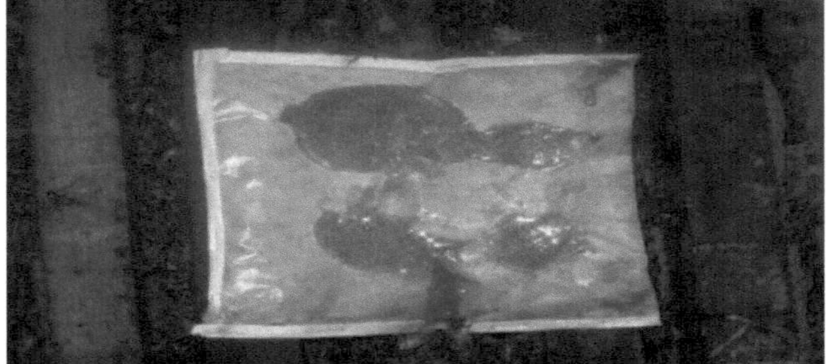

Figura 14a: Primeiro dia de alimentação com a dieta 4

Figura 14b: Sétimo dia de alimentação com a dieta 4

Figura 14c: Décimo quarto dia de alimentação com a dieta 4

Alimentação da formulação da dieta nº 5

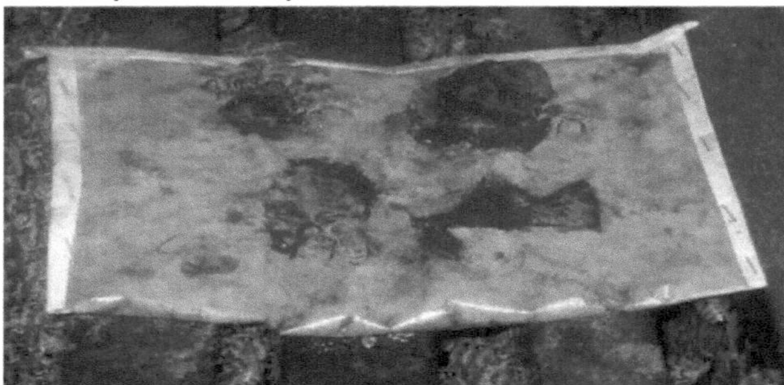

Figura 15a: Primeiro dia de alimentação com o regime 5

Figura 15b: Sétimo dia de alimentação com a dieta 5

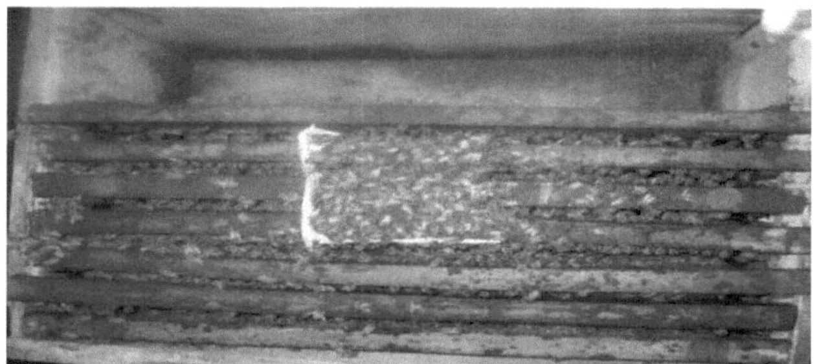

Figura 15c: Décimo quarto dia de alimentação com a dieta 5

Alimentação da formulação da dieta nº 6

Figura 16a: Primeiro dia de alimentação com a dieta 6

Figura 16b: Sétimo dia de alimentação com o regime 6

Figura 16c: Décimo quarto dia de alimentação com a dieta 6

As colónias de controlo foram alimentadas apenas com xarope de açúcar pesado (50%) e as observações dos seus parâmetros foram utilizadas para comparação com os resultados das colónias experimentais.

3.6 Efeito da alimentação artificial nos parâmetros de desenvolvimento das colónias

As dietas formuladas foram dadas às abelhas e comparadas em termos da sua quantidade consumida pelas abelhas. A fim de confirmar que a quantidade de dieta consumida pelas abelhas é igualmente adequada para o desempenho da colónia, foram feitas observações sobre vários parâmetros da colónia no início da experiência e, subsequentemente, a cada 21 dias. Apresenta-se em seguida uma lista dos parâmetros observados:

(1) Quantidade de postura de ovos

(2) Quantidade de crias não seladas

(3) Quantidade de crias seladas

(4) População de abelhas

(5) Número total de quadros cobertos pelas abelhas

(6) Lojas de mel

(7) Morfometria das abelhas operárias

(8) Desempenho geral da colónia de abelhas.

3.6.1 Zona de postura de ovos e zona de criação de operárias

A área de criação de obreiras nas colónias foi registada com a ajuda de um quadro de medição. O quadro de medição é uma grelha de arame do tamanho de um quadro, que se distribui bem em quatro barras do favo experimental quando colocado sobre ele. O quadro de medição é constituído por quadrados com o tamanho de uma polegada^2 (2,54 cm x 2,54 cm) (Fotografia 17). Para medir a superfície de criação do favo, o quadro de medição (grelha de arame)

O quadro foi colocado no favo e o número de quadrados de rede de arame que cobrem a criação foi contado (Jeffree, 1958; Seeley e Mikheyev, 2003; Amir e Peveling, 2004; Berna, 2006). Este valor representa a área da criação em polegadas ^{2}, que foi depois convertida em cm ^{2}, multiplicando-a por um fator de 6,45. Optou-se por um método semelhante para medir a área de postura dos ovos da colónia.

Figura -17: Grelha de arame do tamanho de um quadro para medir a postura de ovos e a área de criação

3.6.2 Quantidade de mel armazenado

Para registar a quantidade de mel armazenado nos favos, mediu-se a superfície do mel maduro (selado) com a ajuda do quadro de medição de cada face de cada favo de cada colónia experimental e somaram-se os valores separadamente para cada colónia. A superfície total do mel maduro, medida em polegadas quadradas, foi multiplicada por 6,45 (para converter a superfície em cm^2) ((figura 18).

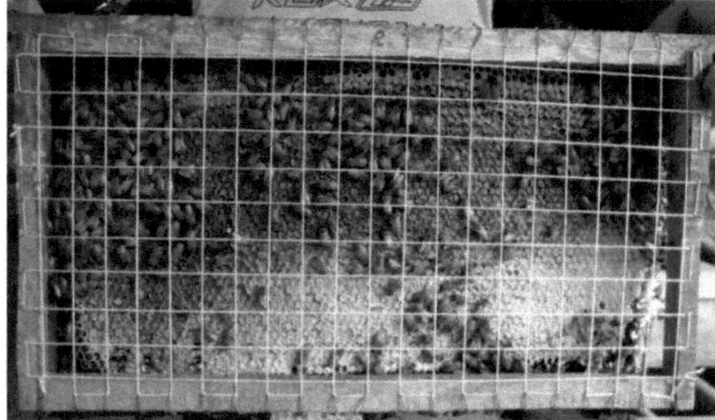

Figura 18: Grelha de arame do tamanho de um quadro para medir as reservas de mel

3.6.3 Número total de quadros cobertos por abelhas

Todas as colónias experimentais foram equiparadas em termos de força de seis quadros. Foram também colocados dois favos vazios extra em cada colónia. O número de quadros cobertos pelas abelhas foi registado durante os diferentes intervalos de alimentação até ao fim da experiência.

3.6.4 População de abelhas

O efetivo apícola das colónias foi registado segundo o método descrito por Jeffree (1951). Para o efeito, selecionam-se três quadros totalmente cobertos de abelhas e tiram-se fotografias. O número de abelhas nas duas faces do quadro foi contado a partir das impressões fotográficas (fotografia 19).

Figura 19: Número de abelhas num único lado de um quadro

Figura 20: Formação de pentes suplementares na armação

3.6.5 Morfometria das abelhas

Sabe-se que a qualidade dos alimentos ricos em proteínas afecta os parâmetros morfométricos das abelhas operárias, pelo que, a fim de avaliar a qualidade das dietas artificiais, foram registadas as medições dos seguintes parâmetros: comprimento da língua, comprimento da asa, comprimento da perna e comprimento do corpo. Para o efeito, as abelhas recém-emergidas foram marcadas durante a última fase (última semana de agosto) da experiência. Para a marcação, as abelhas foram suavemente seguradas entre o polegar e o indicador, sem causar qualquer ferimento às abelhas. Uma pequena mancha de cor foi aplicada no tórax da abelha com a caneta Posca Bee Marking Pen. Após 20 dias de marcação, as abelhas foram conservadas numa mistura AGA (proporção de 1:8:5:1 de ácido acético glacial: álcool etílico: água destilada: glicerina). As diferentes partes das abelhas foram dissecadas numa lâmina de vidro limpa e medidas com a ajuda de um microscópio estéreo zoom (Leica, Alemanha, modelo S6D).

3.7 Desempenho global da colónia

O desempenho global da colónia foi avaliado através da observação e comparação de todos os parâmetros, nomeadamente a criação selada e não selada, a postura de ovos, as reservas de mel e a atividade das abelhas.

3.8 Prazo de validade das fórmulas dietéticas

O prazo de validade das dietas formuladas artificialmente foi determinado mantendo as dietas sob a forma de pó com um teor de humidade inferior a cinco por cento em recipientes fechados colocados no frigorífico. Após seis meses, as dietas foram analisadas com a ajuda de um microscópio para detetar a presença de qualquer crescimento fúngico, infeção, etc. Além disso, o consumo de todas as dietas formuladas foi testado alimentando as colónias de A. mellifera com o mesmo método utilizado para alimentar as abelhas durante o período experimental.

3.9 Análise bioquímica (quantitativa) da dieta

A medição quantitativa dos seguintes parâmetros da dieta foi efectuada no laboratório: Energia total, teor de cinzas e humidade, pH, proteínas totais, gorduras totais, hidratos de carbono totais e aminoácidos, de acordo com os métodos descritos abaixo.

3.9.1 Teor de cinzas (AOAC, 1990)

Dez gramas da amostra foram pesados com exatidão num disco de sílica previamente tarado. A amostra foi incendiada num forno de mufla a 620^0 C até se obterem cinzas brancas. A placa foi colocada num exsicador e deixada arrefecer até à temperatura ambiente. Obteve-se então o peso do prato e calculou-se o peso final das cinzas.

Cálculo:

Percentagem de cinzas: 100(M2-M1) / (M1-M)

Onde,

M2: Massa, em gm, da cápsula com cinzas

M1: Massa, em gm, da cápsula com o material utilizado no ensaio

M: Massa em gm da cápsula vazia

3.9.2 Teor de humidade (AOAC, 1990)

Cinco gramas da amostra foram pesados com exatidão num disco de sílica de peso conhecido. Secou-se na estufa a 105 graus Celsius durante uma hora. Em seguida, o prato foi colocado num exsicador e deixado arrefecer até à temperatura ambiente. O peso do prato foi registado para obter o peso final.

Cálculo:

Percentagem de humidade: 100(M2-M1) / (M1-M)

Onde,

M2: Massa, em gm, da cápsula com a amostra seca

M1: Massa, em gm, da cápsula com a amostra colhida para o ensaio

M: Massa em gm da cápsula vazia

3.9.3 Energia total (Shoemaker, 2009)

A energia total das dietas formuladas foi calculada com a ajuda de um calorímetro de bomba.

Foram pesados com exatidão 5 mg de amostra e prensados sob a forma de pellets. Em seguida, foi colocada numa cápsula dentro da bomba feita de material de aço pesado. Em seguida, a tampa foi fechada. Foi mantida uma pressão de cerca de 300 libras no interior do calorímetro da bomba. Em seguida, a bomba foi imersa em água. A amostra foi então inflamada por meio de um fusível elétrico e a leitura reflecte-se sob a forma de kcal/100gm no ecrã após três minutos.

3.9.4 Análise de proteínas, Lowry et al., (1951)

O teor total de proteínas das amostras de formulações dietéticas foi determinado com a ajuda de um espetrofotómetro, utilizando o reagente de Folin-Ciocalteu. A 4 ml da amostra num tubo de ensaio, adicionaram-se 5,5 ml da mistura de reagentes (50 ml de carbonato de sódio a 2 % em solução 0,1 N de NaOH+1 ml de solução de CuSO4 a 0,5 % em solução de tartarato de sódio e potássio a 1 %) e mantiveram-se sem perturbações durante 15 minutos. Em seguida, adicionou-se 0,5 ml de reagente de Folin-Ciocalteu, agitando vigorosamente. O tubo de ensaio foi então colocado no escuro durante 30 minutos. A intensidade da cor (azul) foi medida a 660 nm num espetrofotómetro visível (SYSTRONICS, INDIA) como densidade ótica. O tubo de ensaio em branco incluía água destilada no lugar da amostra de proteína (desconhecida) e, no tubo de ensaio de proteína padrão (conhecida), foram tomados 4 ml de solução de BSA (5 mg/ml). A concentração de proteínas nas amostras desconhecidas foi calculada com a ajuda de um gráfico padrão de Densidade Ótica versus Concentrações, traçado utilizando cinco concentrações em série de BSA como amostras.

A fim de confirmar a exatidão do método, foi também realizado um teste de proteína padrão (BSA) e o teor de proteína da amostra desconhecida foi calculado a partir da fórmula abaixo indicada:

$$\text{Protein (\%age)} = \frac{\text{O. D. of Sample} - \text{O. D. of Blank}}{\text{O. D. of Standard}} \times 100$$

3.9.5 Teste dos hidratos de carbono, Dubois et al., (1956)

A solução padrão de hidratos de carbono foi preparada dissolvendo 1 mg de açúcar em 5 ml de água destilada. A solução foi assistida por adição de água destilada (0,001 mg/ml). Os tubos branco e desconhecido continham 1 ml de água destilada e 1 ml de amostra (0,2 ml de amostra + 0,8 ml de água destilada), respetivamente. Em seguida, adicionou-se 1 ml de reagente de fenol a 5 % e 5 ml de ácido sulfúrico concentrado. Uma vez que o calor necessário para o desenvolvimento da cor é fornecido pela reação exotérmica do ácido sulfúrico e da água, era desejável adicionar o ácido aos tubos com uma pipeta de fluxo rápido (5-10 segundos de tempo de emprego diretamente na superfície da camada de água) e mantê-los sem perturbações durante 30 minutos. A intensidade da cor castanha amarelada foi observada a 490 nm no espetrofotómetro visível (SYSTRONICS INDIA). O gráfico padrão foi desenhado para cinco tubos conhecidos de açúcar e, finalmente, a quantidade real de hidratos de carbono foi determinada a partir das amostras de dieta.

3.9.6 Análise das gorduras, método Soxhlet, Stanley et al., (1974)

A percentagem de gordura total foi analisada pelo método de extração Soxhlet. Foram pesados cinco gramas de amostra em papel manteiga. O papel foi dobrado de modo a evitar a fuga da amostra. Em seguida, este papel dobrado foi colocado num dedal. O algodão foi tapado na parte superior do dedal para ajudar a uma imersão e extração uniformes da amostra. O dedal foi colocado num aparelho de Soxhlet e extraído com éter de petróleo durante cerca de 16 horas. Após a extração, o dedal foi retirado. O solvente e a gordura foram transferidos para um copo. O copo foi então mantido num banho de água para evaporar o éter. Finalmente, secou-se na estufa a 100^0 C durante cerca de uma hora. Colocar o copo num exsicador e deixar arrefecer até à temperatura ambiente. Pesar o copo para obter o peso final.

Cálculo:

Percentagem de gordura: W2-W1/W x 100

W: Peso da amostra

W1: Peso do copo

W2: Peso do copo + gorduras após extração

3.9.7 pH (Gonnet, 1977)

O pH das dietas formuladas foi analisado por um medidor eletrónico de pH (SYSTRONICS μ pH system 361). A 5 mg de amostra pesada com precisão, foram adicionados 10 ml de água destilada e o pH foi lido diretamente no medidor de pH. O instrumento foi calibrado com soluções-tampão padrão de pH 7 e pH 4, antes de medir o pH das amostras. Foram efectuadas e registadas três leituras subsequentes.

3.10 Análise estatística

Os dados relativos a todas as colónias experimentais (como efeito da alimentação com substitutos e suplementos de pólen) foram analisados estatisticamente (ANOVA), seguindo o Randomized Block Design (RBD) para determinar a significância das diferenças entre os vários tratamentos, realizando as transformações necessárias sempre que necessário (Gomez e Gomez, 1986). Os dados apresentados nas tabelas para o apiário 1 são os valores médios para dois anos subsequentes, ou seja, 2009 e 2010. As médias foram comparadas usando diferenças críticas (C.D.) a um nível de significância de 0,05%.

3.11 Economia

Para estudar a economia da alimentação dos substitutos do pólen e dos suplementos, os preços dos alimentos utilizados nas várias formulações foram recolhidos no mercado e o custo por kg de cada substituto do pólen e suplemento foi calculado. Este custo incluía também as despesas de moagem a 5 rúpias por kg.

CAPÍTULO 4

Observações e resultados

No presente estudo, intitulado "A study on evaluation of some artificial diets including some pollen substitutes and supplements for commercial beekeeping in India" (Um estudo sobre a avaliação de algumas dietas artificiais, incluindo alguns substitutos do pólen e suplementos para a apicultura comercial na Índia), a utilidade de várias formulações de dietas foi avaliada experimentalmente em colónias de Apis mellifera mantidas em Panchkula, Haryana e Gwalior, Madhya Pradesh, durante 2008-2011. Os resultados do presente estudo são apresentados nos seguintes subtítulos:

4.1 Avaliação do período de escassez

A avaliação do período de escassez foi feita nas colónias de controlo através da observação de vários parâmetros da colónia, nomeadamente a área de postura de ovos, a área de criação não selada e selada, as reservas de pólen e de mel durante os períodos de escassez. Os resultados assim obtidos são apresentados na fig. 21.

Observou-se que a área de postura de ovos era de 972,3 cm^2 por colónia no mês de abril, tendo diminuído para 387,7 cm^2 por colónia no mês de maio, seguido de 27,7 cm^2 por colónia em junho.

Não foi observada nenhuma postura de ovos no mês de julho. A postura de ovos frescos foi observada em agosto e depois disso a área de postura de ovos começou a aumentar. Foram observadas diferenças não significativas na área de postura de ovos durante agosto (76,0 cm^2 por colónia) e setembro (154,0 cm^2 por colónia).

A área de criação não selada nas colónias foi registada como máxima no mês de abril (714,3 cm^2 por colónia), seguida de 352,0, 19,0 cm^2 por colónia em maio e junho, respetivamente.

Não foi observada qualquer criação não selada nas colónias no mês de julho. Depois disso, a criação não selada começou a aumentar e atingiu 54,0 cm^2 por colónia e 137,7 cm^2 por colónia nos meses de agosto e setembro. Foram obtidos resultados quase semelhantes no caso da área de criação selada. A área de criação selada foi observada com um máximo de 1230,7 cm^2 por colónia no mês de abril, tendo diminuído significativamente para 0,0 no mês de junho. Depois disso, a área de criação selada começou a aumentar e atingiu um nível de 156,7 cm^2 por colónia em setembro.

Foram observadas reservas suficientes de pólen nas colónias durante o mês de abril, quando a flora apícola natural estava disponível. As reservas de pólen foram de 417,0 cm^2 por colónia em abril, seguidas de 380,7 em maio. Não foram observadas reservas de pólen nos meses de junho e julho. Depois disso, com as chuvas frescas da monção, observou-se pólen fresco nas colónias e a área de pólen foi registada como sendo de 43,9 e 102,0 cm^2 por colónia nos meses de agosto e setembro. A mesma observação foi registada no caso da área de mel. Não foram observadas reservas de mel nas colónias no mês de julho. Foi observado mel fresco não selado no mês de agosto (107,7,0 cm^2 por colónia) que aumentou para 246,0 cm² por colónia no mês de setembro.

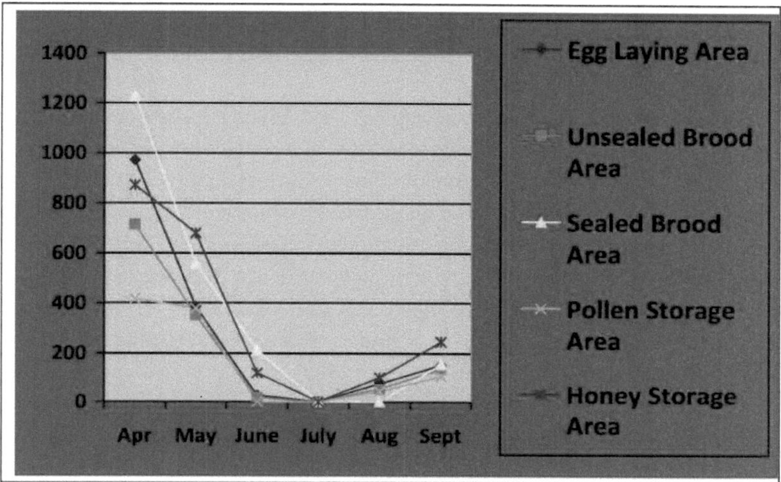

Figura 21: Avaliação do período de escassez nas colónias de controlo utilizando vários parâmetros das colónias

Concluiu-se, no final deste estudo sobre colónias de controlo, que são necessários cuidados intensivos com as colónias de abelhas apenas durante o final de maio até ao final de junho. Além disso, foi calculada a quantidade de pólen substituto a fornecer às colónias de abelhas durante o período de escassez, o que pode ser útil para reduzir os custos e a mão de obra na gestão das colónias de abelhas.

4.2 Recolha de pólen

São normalmente utilizados vários parâmetros para determinar o período de escassez numa determinada localidade, quando as colónias de abelhas têm de migrar (apicultura migratória) para uma flora apícola rica ou receber alimentação artificial (apicultura estacionária) até que haja novamente flora apícola suficiente. A disponibilidade de pólen é o principal fator determinante. A entrada de pólen através das abelhas forrageadoras diminui rapidamente durante o período de escassez, as reservas de pólen (pão de abelha) e de mel já existentes na colmeia esgotam-se, o que leva a uma redução sequencial da postura de ovos pela abelha rainha, da criação de crias pelas abelhas amas e da população de abelhas da colónia. Se não forem tomadas medidas imediatas, a colónia pode perecer devido ao ataque de inimigos (formigas pretas, vespas, abelhas selvagens), à mortalidade elevada das abelhas devido à fome, à morte da rainha devido à interrupção do fornecimento de geleia real, à fuga da colónia, etc. O registo do número de abelhas que procuram pólen, a determinação da quantidade de pólen armazenado na colmeia e a quantidade de pólen recolhido através de armadilhas para pólen colocadas nas colónias de abelhas podem ser utilizados como métodos adequados para conhecer a disponibilidade líquida de flora apícola rica em pólen ao longo do ano numa determinada área.

Com base nas condições climatéricas, no padrão de cultivo, no calendário floral e na experiência dos apicultores das localidades selecionadas, o ano inteiro pode ser dividido em períodos favoráveis ou de não escassez (outubro a março) e desfavoráveis ou de escassez (abril a setembro).

A partir de informações não publicadas recolhidas de diferentes fontes, concluiu-se que não é possível ter uma apicultura estacionária bem sucedida durante o período de escassez, a menos que as colónias sejam apoiadas por alimentação artificial (suplementar).

Durante os períodos favoráveis (outubro a março) de dois anos consecutivos 2008-09 e 2009-10, foram colocadas armadilhas para pólen num certo número de colónias moderadamente fortes de A. mellifera e a quantidade de pólen recolhida foi determinada. O principal objetivo desta experiência foi verificar se a disponibilidade de flora rica em pólen, durante este período na respectiva localidade, é suficiente e se não é necessária alimentação artificial com suplemento de pólen ou substituto de pólen. A recolha média de pólen durante 2008-09 foi registada como sendo de 648,8 g/colónia/mês. O valor médio máximo / mais elevado (939,5 gm por colónia) foi registado no mês de fevereiro, seguido de 816,0 gm por colónia em março, 601,8 gm por colónia em dezembro, 595,0 gm por colónia em janeiro e 546,2 gm por colónia durante o mês de novembro. A recolha de pólen foi registada como sendo mínima (391,5 gm por colónia) no mês de outubro, quando não estavam disponíveis fontes florais suficientes (Quadro 4, Figura 22).

No ano 2009-10, a recolha média de pólen foi de 619,3 gm/colónia/mês, um valor ligeiramente inferior ao do ano anterior. No entanto, a maior quantidade de recolha de pólen (871,8 gm/colónia) foi registada no mês de março e não em fevereiro. Este valor foi estatisticamente mais elevado do que a quantidade de pólen recolhida durante os meses de outubro a fevereiro. Os valores respectivos de pólen recolhido foram de 821,0, 549,1, 535,8 e 484,0 gm/colónia nos meses de fevereiro, janeiro, dezembro e novembro, respetivamente. A menor quantidade de pólen (456,5 gm/colónia), foi recolhida no mês de outubro (Figura 22).

Quadro 4: Recolha de pólen por colónias de Apis mellifera

Month	Quantity collected During 2008-09	Quantity collected During 2009-10	Mean
October	391.5 (2.59)*	456.5 (2.65)	423.5 (2.62)
November	546.0 (2.73)	484.0 (2.68)	515.0 (2.71)
December	601.7 (2.77)	535.7 (2.72)	568.5 (2.75)
January	595.0 (2.77)	549.0 (2.74)	572.0 (2.75)
February	939.5 (2.97)	821.0 (2.91)	880.2 (2.92)
March	816.7 (2.79)	871.7 (2.94)	843.5 (2.99)
Mean	648.8 (2.79)	619.3 (2.77)	

CD$_{0.05}$	T (Quantity)	0.68	
	I (Month)	0.30	
	T X I	0.92	

1 Os valores entre parênteses são valores transformados logaritmicamente

Os dados da recolha de pólen indicam que a quantidade de pólen disponível na flora apícola rica em pólen foi mais ou menos semelhante durante os dois anos. A única diferença foi que, em 2009-10, a disponibilidade máxima de pólen foi no mês de março, ao passo que em 2008-09 foi em fevereiro.

Durante ambos os anos, a recolha de pólen foi mínima no mês de outubro; é um período, logo após o período de escassez, em que a flora apícola recomeça a existir, embora ainda não exista flora suficiente, porque as culturas cultivadas não dão flores nesta estação e apenas algumas fontes florais estavam disponíveis, incluindo flores silvestres. Por outro lado, a recolha máxima de pólen foi observada nos meses de fevereiro e março, quando se verificou um forte fluxo de pólen das culturas de mostarda, legumes e frutas, bem como das plantações selvagens e da jardinagem. Durante esta estação, as abelhas estão mais activas e a sua taxa de procura de alimento é elevada devido às condições meteorológicas favoráveis e à abundância de recursos florais.

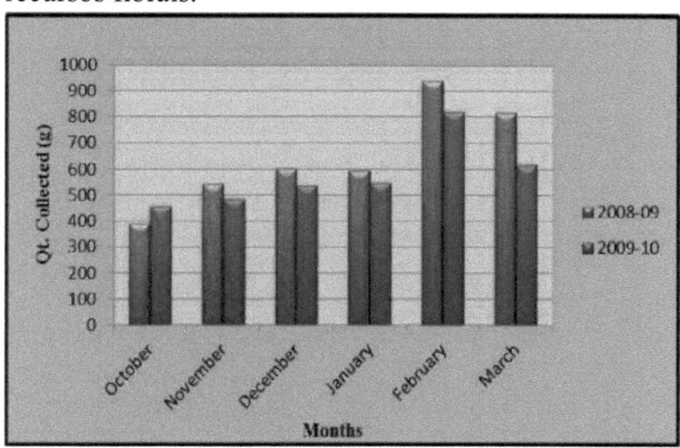

Figura 22: Recolha de pólen natural das colmeias de abelhas durante Out. 08-Mar. 09 e Out.09-Mar. 10

4.3 Preparação de fórmulas dietéticas

Foram preparadas 20 formulações de dietas utilizando diferentes ingredientes ricos em proteínas em diferentes combinações (Quadro 2). Estas foram analisadas numa experiência preliminar para selecionar as 6 melhores formulações de dietas para investigações mais pormenorizadas (Quadro 3).

4.4 Seleção preliminar de formulações de dietas

Em março, antes do início do período de escassez, foram testadas várias formulações de dietas para determinar o seu consumo pelas abelhas, de modo a que as formulações selecionadas e adequadas pudessem ser utilizadas para experiências detalhadas durante o período de escassez. Utilizou-se uma quantidade adequada de água como meio para preparar os rissóis das formulações de dieta para alimentar as colónias de abelhas utilizando o método de alimentação "top bar" amplamente aceite, com um intervalo de alimentação de sete dias. Os resultados da seleção preliminar das formulações da dieta em ambos os apiários são apresentados no quadro 5.

Na experiência de rastreio, as condições das colónias de abelhas experimentais eram mais ou menos semelhantes, ou seja, 06 quadros com um estatuto inferior de população de abelhas, criação e armazenamento de mel e pólen em ambos os apiários. Mas o consumo de dietas artificiais no apiário 1 foi significativamente menor do que no apiário 2. O apiário 1 foi colocado em Panchkula, Haryana, enquanto o apiário 2 estava localizado em Gwalior. Em Panchkula, a situação da flora apícola natural era muito melhor do que em Gwalior. Por conseguinte, em Panchkula, as abelhas preferiam consumir mais flora natural do que artificial. Em Gwalior, devido à escassa flora apícola natural, as abelhas mostraram maior consumo de dietas formuladas.

Tabela 5: Quantidade de dietas formuladas consumidas pelas colónias de abelhas num período de 07 dias durante o período pré-terra

Diet code	Percentage of Consumption of diets without honey		Percentage of Consumption of honey fortified diets	
	Apiary 1	Apiary 2	Apiary 1	Apiary 2
A	7.6	11.4	13.0	22.0
B	5.2	5.3	13.7	9.0
C	9.0	11.1	17.1	15.6
D	7.4	16.0	12.0	22.6
E	11.6	10.5	17.8	14.1
F	0.0	0.0	4.6	2.2
G	32.0	36.5	36.0	37.0
H	27.3	28.2	32.7	41.3
I	41.7	42.4	46.3	55.0
J	15.6	18.7	19.0	23.8
K	36.7	40.0	41.0	52.9
L	8.3	8.0	17.0	12.5
M	8.0	19.0	14.3	24.7
N	9.3	13.0	17.5	22.6
O	6.7	9.2	9.8	10.0
P	6.3	11.4	10.3	19.8
Q	44.3	56.5	49.0	71.0
R	12.0	10.4	18.4	14.0
S	14.7	17.0	18.5	24.0
T	16.0	19.0	20.1	27.5

O consumo máximo (44,3%) foi observado para a formulação da dieta Q e o mínimo (0,0%) para a formulação da dieta F. Todas as dietas testadas podem ser organizadas em uma sequência / ordem do consumo máximo para o mínimo: 44,3 % (Q) > 41,7% (I) > 36,7% (K) > 32,0% (G) > 27,3% (H) > 16,0% (T) > 15,6% (J) > 14,7% (S) > 12% (R) > 11.6% (E) > 9,3% (N) > 9,0% (C) > 8,3% (L) > 8,0% (M) > 7,6% (A) > 7,4% (D), 6,7% (O) > 6,3% (P) >

5,2% (B), 0,0% (F) (Apiário 1).

Foi encontrada uma percentagem comparativamente mais elevada de consumo de todas as formulações de dieta no apiário 2. No entanto, foi observada uma tendência de consumo quase semelhante para as várias dietas 56,5% (Q) > 42,4% (I) > 40,0% (K) > 36,5% (G) > 28,2% (H) > 19,0% (T) > 19,0% (M) > 18,7% (J) > 17.0% (S) > 16,0% (D) > 13,0% (N) > 11,4% (A) > 11,4% (P) > 11,1% (C) > 10,5% (E) > 10,4% (R) > 9,2% (O) > 8,0% (L) > 5,3% (B) > 0,0 (F) no consumo.

Em ambos os apiários, a dieta no. Q foi consumida em quantidade máxima, ou seja, 44,3 e 56,5 por cento por colónia. O consumo da dieta F foi mínimo, não tendo sido observado qualquer consumo.

4.2.1 Aumento da atratividade

Durante a alimentação preliminar, observou-se que as dietas oferecidas às colónias de abelhas melíferas ficam um pouco secas ao longo de um período de sete dias, e este problema pode ser mais grave durante condições climáticas extremamente quentes, havendo também a possibilidade de contaminação ou infeção com microrganismos que podem afetar a alimentação líquida ou podem também ser a causa de doenças das abelhas. Por conseguinte, decidiu-se adicionar 10 g de mel a cada empada, uma vez que isso evitaria a sua secagem e a deterioração microbiana, pois o mel é um conservante bem conhecido devido às suas propriedades anti-sépticas e anti-bióticas. Além disso, o mel é um alimento energético natural para as abelhas melíferas, o que também aumentará a palatabilidade e a taxa de consumo líquido. Os resultados obtidos para o consumo de formulações de dieta artificial após a adição de mel são apresentados no quadro 5.

Em todas as formulações de dietas testadas em ambos os apiários, observou-se que a inclusão de mel aumentou significativamente o consumo líquido. A ordem de consumo das dietas permaneceu mais ou menos semelhante, ou seja, 49,0 % (Q) > 46,3 % (I) > 41,0 % (K) > 36,0 % (G) > 32,7 % (H) > (19,0) % > 18,5 % (S) > 18.4 % (R) > 17,8 % (E) > 17,5 % (N) > 17,1 % (C) >17,0 % (L) > 14,3 % (M) > 12,0 % (D) > 11,4 % (A) > 10,3 % (P) > 9,8 % (O) > 5,3 % (B) > 4,6 % (F) no apiário 1. Enquanto que, no apiário 2, a ordem de consumo é 71,0 % (Q) > 55,0 % (I) > 52,9 % (K) > 41,3 % (H) > 37,0 % (G) > 27,5 % (T) > 24,7 % (M) > 24,0 % (S) > 23.8 % (J) > 22,6 % (D) > 22,6 % (N) > 20,0 % (A) > 19,8 % (P) > 15,6 % (C) > 14,1 % (E) > 14,0 % (R) > 12,5 % (L) > 10,0 % (O) > 9,0 % (B) > 2,2 % (F) no apiário 2.

Notou-se claramente que a percentagem de consumo da dieta foi significativamente maior nas formulações incorporadas com mel. Assim, em todas as experiências posteriores, o mel foi incluído em todas as formulações da dieta. Foi adotado o mesmo método de alimentação durante os períodos de escassez para alimentar as abelhas com várias formulações de dieta. Foi observada e registada a quantidade de substitutos de pólen e de suplementos consumidos durante os meses de abril a setembro, nos 14 dias seguintes à alimentação.

Os dados sobre a quantidade de dieta artificial consumida (no prazo de 14 dias) e o efeito da dieta artificial na postura de ovos, criação não selada, criação selada, população de abelhas, número total de quadros cobertos por abelhas, reservas de mel, são apresentados nos quadros 6 a 19.

4.5 Consumo comparativo de fórmulas alimentares durante o período de escassez

A experiência principal relativa ao consumo de formulações de dietas experimentais foi feita durante o período de escassez (abril a setembro) com um intervalo de alimentação de 14 dias. Os resultados detalhados assim obtidos para a quantidade de diferentes dietas artificiais consumidas pelas colónias de A. mellifera no apiário 1 são apresentados no quadro 6.

Independentemente dos diferentes períodos de alimentação, o consumo médio máximo foi observado no caso da dieta nº 3 (65,4 gm/colónia/14 dias), que foi estatisticamente diferente do consumo de todas as outras dietas. A quantidade de consumo da dieta nº 4 (54,2 gm/colónia/14 dias) foi a seguinte, seguida da dieta nº 6 (40,6 gm/colónia/14 dias). A diferença entre as quantidades de alimento consumido pelas abelhas em relação a estas duas formulações não foi estatisticamente significativa. Foi observada uma diferença não significativa no consumo das dietas 2 e 1, com valores respectivos de 41,1 e 38,7 gm/colónia/14 dias. O consumo da dieta 5 foi significativamente mais baixo, ou seja, 23,5 gm/colónia/14 dias, do que o de todas as outras dietas artificiais. (Figura 23)

Foi ainda revelado que o consumo máximo (92,6 gm/colónia) foi observado no mês de junho, durante o quinto intervalo de alimentação, que foi estatisticamente igual à quantidade de dietas artificiais consumidas durante o quarto intervalo de alimentação (85,6 gm/colónia/14 dias a 14 de junho). O consumo de dietas artificiais foi significativamente mais baixo durante todos os outros intervalos de alimentação; os valores foram 68,6, 46,5, 46,3, 31,6, 27,8, 20,0 e 13,6 gm/colónia/14 dias em 12th de julho, 31st de maio, 26th de julho, 17th de maio, 9th de agosto, 3rd de maio e 23rd de agosto, respetivamente.

QUADRO 6: Quantidade de dietas artificiais consumidas pelas abelhas no apiário 1

Feeding Interval	Qt. Given	Diet 1	Diet 2	Diet 3	Diet 4	Diet 5	Diet 6	MEAN
3rd May	200	16.0 (1.22)*	11.3 (1.10)	33.7 (1.52)	35.7 (1.55)	11.0 (1.05)	12.3 (1.12)	20.0 (1.26)
17th May	200	22.0 (1.33)	22.7 (1.34)	49.7 (1.68)	48.3 (1.69)	19.0 (1.28)	28.0 (1.45)	31.6 (1.46)
31st May	200	47.3 (1.67)	40.3 (1.59)	61.0 (1.79)	60.0 (1.78)	24.7 (1.37)	46.0 (1.66)	46.5 (1.64)
14th June	200	77.7 (1.89)	95.3 (1.98)	108.3 (2.03)	105.3 (2.02)	38.7 (1.55)	88.7 (1.95)	85.6 (1.90)
28th June	200	82.7 (1.91)	104.7 (2.02)	124.0 (2.09)	108.0 (2.03)	48.3 (1.69)	88.0 (1.94)	92.6 (1.95)
12th July	200	65.3 (1.81)	62.7 (1.79)	98.7 (1.99)	82.0 (1.91)	44.7 (1.62)	58.0 (1.76)	68.6 (1.82)
26th July	200	38.0 (1.59)	46.3 (1.66)	69.0 (1.84)	58.0 (1.76)	31.3 (1.50)	35.0 (1.54)	46.3 (1.65)
9th Aug	200	22.7 (1.37)	10.7 (1.05)	67.7 (1.83)	27.7 (1.44)	13.0 (1.44)	25.0 (1.38)	27.8 (1.37)
23rd Aug	200	13.3 (0.87)	12.7 (0.86)	24.7 (1.39)	12.0 (0.85)	1.3 (0.23)	17.7 (1.26)	13.6 (0.91)
6th Sept	200	2.0 (0.28)	3.3 (0.51)	17.0 (1.24)	5.3 (0.60)	2.7 (0.31)	8.0 (0.73)	6.3 (0.61)

MEAN	200	38.7 (1.39)	41.1 (1.39)	65.4 (1.74)	54.2 (1.56)	23.5 (1.17)	40.6 (1.48)	
CD$_{0.05}$	T (Treatment)				0.13			
	I (Period)				0.17			
	T X I (Treatment X Period)				0.41			

1 Os valores entre parênteses são valores transformados log+1

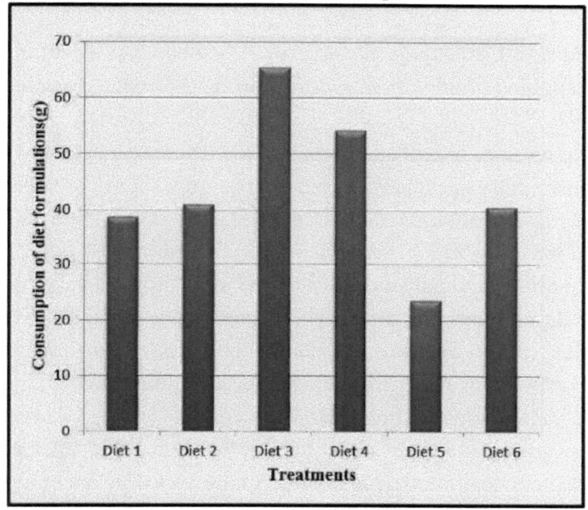

Figura 23: Quantidade de dietas artificiais consumidas pelas abelhas no apiário 1

O menor consumo das dietas (6,3 gm/colónia/14 dias) foi registado no final da experiência, que foi estatisticamente inferior a todos os outros intervalos de alimentação. No início da experiência, na primeira semana de maio, observou-se que o consumo de todas as formulações de dieta era baixo: 16,0, 11,3, 33,7, 35,7, 11,0 e 12,3 gm/colónia/14 dias para as dietas n.º 1, 2, 3, 4, 5 e 6, respetivamente. Uma tendência crescente foi observada subsequentemente, atingindo o máximo na última semana de junho. Mas para a dieta n° 6 o consumo máximo foi registado na segunda semana de junho. Observou-se ainda que a quantidade de todas as dietas artificiais consumidas pelas abelhas diminuiu gradualmente, atingindo valores mínimos em setembro. A dieta n.º 5 foi uma exceção, apresentando o seu consumo mínimo em agosto e não em setembro. Estes resultados indicam claramente a severidade do período de escassez durante o período experimental (maio a setembro). Durante o pico do período de escassez (junho), as abelhas aceitam a quantidade máxima de dietas artificiais e durante setembro, quando a severidade do período de escassez é mínima, é consumida a menor quantidade de dietas artificiais. O consumo máximo (124,0 gm/colónia/14 dias) foi registado para a dieta 3 durante o quinto intervalo de alimentação, ou seja, no ^{dia} 28 de junho, quando o período de escassez estava no seu auge e quase não havia fontes naturais de alimento disponíveis para as abelhas. O consumo máximo seguinte nesta data foi encontrado para a dieta n.º 4 (108,0 gm/colónia/14 dias) e para a dieta n.º 2 (104,7 gm/colónia/14 dias), seguida das outras dietas n.º 6 (88,0 gm/colónia/14 dias) e n.º 7 (88,0 gm/colónia/14 dias). 6 (88,0 gm/colónia/14 dias), no. 1 (82,7 gm/colónia/14 dias) e no. 5 (48,3 gm/colónia/14 dias). Não houve diferença estatisticamente significativa entre os valores das dietas n° 4 e 2. O consumo mínimo (1,3 gm/colónia/14 dias) de formulações de dieta artificial foi observado para a dieta 5 no mês de agosto, que foi estatisticamente igual ao consumo das dietas 1 e 2, ou seja, 2,0 gm/colónia/14 dias e 3.3 gm/colónia/14 dias, respetivamente, seguido de 8,0 gm/colónia/14 dias para a dieta 6 no final da experiência e 12,0 gm/colónia/14 dias para a dieta 4, 12,7 gm/colónia/14 dias para a dieta 2 e 13,3 gm/colónia/14 dias para a dieta 1 durante o nono intervalo de alimentação.

A experiência foi também efectuada no apiário 2, situado em Gwalior, com as mesmas formulações. Os resultados obtidos para o consumo de diferentes formulações de dieta são mostrados na tabela 7.

Os resultados revelaram que, independentemente dos diferentes períodos de alimentação, a dieta n.º 3 foi consumida em quantidade máxima (65,7 gm/colónia/14 dias), que foi estatisticamente igual ao consumo da dieta n.º 4 (58,9 gm/colónia/14 dias), seguida das dietas n.º 2, 6 e 1; os valores são 50,53, 45,57 e 43,82 gm/colónia/14 dias, respetivamente. O consumo mínimo foi observado para a dieta 5 (23,82 gm/colónia/14 dias figura 24.

Independentemente da alimentação com várias formulações de dieta, também se observou que o consumo das dietas dadas às abelhas aumentou significativamente para 39,3 gm/colónia/14 dias no [dia] 15 de maio, a partir do consumo inicial de 23,7 gm/colónia/14 dias no dia 1 de maio. A quantidade máxima (100,7 gm/colónia/14 dias) de consumo de dieta foi observada durante o quinto intervalo de alimentação seguido de 99,9 gm/colónia/14 dias durante o quarto intervalo de alimentação a 12 de junho. A diferença entre estes dois valores foi estatisticamente insignificante. Durante este período, não havia flora apícola suficiente, pelo que as abelhas consumiram as dietas artificiais em maiores quantidades. Depois disso, o consumo de dietas diminuiu significativamente para o nível de 69,4, 42,04, 30,80 e 19,5 gm/colónia/14 dias a 10 [th] de julho, 24 [th] de julho, 7 [th] de agosto e 21 [st] de agosto, respetivamente. O consumo mínimo de formulações de dieta (10,15 gm/colónia/14 dias) foi observado no final da experiência, uma vez que as fontes florais reapareceram após a estação das monções e o pólen estava disponível para as abelhas.

QUADRO 7: Quantidade de dietas artificiais consumidas pelas abelhas no apiário 2

Feeding Interval	Qt. Given	Diet 1	Diet 2	Diet 3	Diet 4	Diet 5	Diet 6	MEAN
1st May	200	26.7 (1.43)*	24.3 (1.38)	31.7 (1.49)	33.0 (1.52)	7.0 (0.66)	19.7 (1.27)	23.7 (1.29)
15th May	200	40.0 (1.61)	51.7 (1.72)	53.7 (1.73)	40.0 (1.61)	10.3 (1.03)	40.3 (1.60)	39.3 (1.55)
29th May	200	37.7 (1.57)	49.0 (1.69)	67.0 (1.83)	56.7 (1.76)	16.0 (1.22)	46.0 (1.66)	45.4 (1.62)
12th June	200	95.3 (1.97)	102.7 (2.01)	122.7 (2.09)	121.7 (2.08)	65.3 (1.81)	92.0 (1.96)	99.9 (1.99)
26th June	200	91.7 (1.96)	101.3 (2.01)	136.7 (2.13)	116.0 (2.06)	64.3 (1.80)	94.3 (1.97)	100.7 (1.99)
10th July	200	78.0 (1.89)	71.7 (1.85)	86.3 (1.93)	71.7 (1.85)	41.0 (1.62)	68.0 (1.83)	69.4 (1.83)

24th July	200	36.7 (1.56)	47.3 (1.68)	57.3 (1.76)	54.3 (1.74)	18.3 (1.27)	38.3 (1.59)	42.1 (1.60)
7th Aug	200	19.0 (1.29)	33.3 (1.52)	46.3 (1.67)	43.3 (1.64)	11.3 (1.09)	31.7 (1.51)	30.8 (1.45)
21st Aug	200	10.7 (1.03)	14.7 (1.17)	34.3 (1.54)	33.0 (1.53)	4.0 (0.56)	17.7 (1.26)	19.5 (1.18)
4th Sept	200	2.7 (0.31)	10.0 (0.79)	21.3 (1.34)	19.7 (1.28)	0.0 (0.00)	8.7 (0.73)	10.4 (0.74)
MEAN	200	43.8 (1.46)	50.5 (1.58)	65.7 (1.75)	58.9 (1.71)	23.8 (1.11)	45.6 (1.54)	
$CD_{0.05}$	T (Treatment) 0.09 I (Period) 0.12 T X I (Treatment X Period) 0.29							

1 Os valores entre parênteses são valores transformados log+1

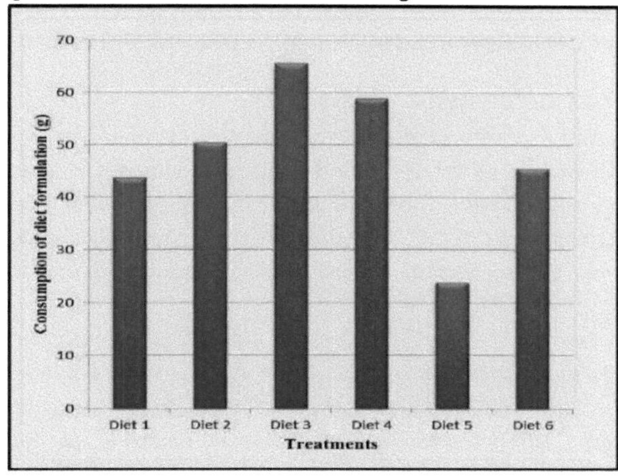

Figura 24: Quantidade de dietas artificiais consumidas pelas abelhas no apiário 2

Os resultados das experiências efectuadas no apiário 2 são mais ou menos semelhantes aos do apiário 1. O consumo da quantidade de formulações de dieta artificial aumenta com o aumento do verão, atingindo o máximo no mês de junho, seguido de uma tendência decrescente em correlação com a severidade do verão e o período de escassez floral.

Como resultado de toda a série de experiências, observou-se que a dieta 3 foi consumida em maior quantidade (136,7 gm/colónia/14 dias), seguida pelo consumo da dieta 4 (116,0 gm/colónia/14 dias), dieta 2 (101,3gm/colónia/14 dias), dieta 6 (94.3 gm/colónia/14 dias), e dieta 1 (91,7 gm/colónia/14 dias) na segunda quinzena de junho, quando a flora apícola natural era escassa. A diferença entre as quantidades de alimento consumido pelas abelhas relativamente a todas estas formulações não foi estatisticamente significativa. O consumo mínimo foi observado no mês de setembro, quando o pólen estava disponível para as abelhas. Durante toda a experiência, a dieta 5 foi consumida em menor quantidade em comparação com todas as outras formulações. Não foi observado qualquer consumo da dieta 5 durante o último intervalo de alimentação (no final da experiência de alimentação).

Em ambos os apiários, o consumo da dieta 3 foi máximo e estatisticamente semelhante ao consumo da dieta 4. Também se observou que o consumo de substitutos e suplementos de pólen foi mais elevado no mês de junho, quando os alimentos naturais eram escassos, ou seja, a flora natural disponível para as abelhas era muito limitada. Quando a flora reapareceu após a monção (ou seja, nos meses de julho e agosto), o consumo de substitutos do pólen e de suplementos diminuiu novamente, atingindo o mínimo em agosto.

4.6 Efeito da alimentação de apoio no desempenho das colónias de abelhas

A procura de alimentos artificiais é urgente para as colónias de abelhas com reservas insuficientes de mel e pólen, particularmente durante o período de escassez. Estudar apenas a quantidade de formulações de dieta consumida pelas colónias de abelhas não é suficiente e a sua influência no desempenho da colónia também deve ser demonstrada de forma a confirmar a utilidade da alimentação artificial. Os parâmetros da colónia selecionados para este fim incluem a postura de ovos, a criação não selada, a criação selada, a população de abelhas, o número de quadros cobertos por abelhas, a criação de zangões e o mel armazenado.

4.6.1 Colocação de ovos

Os resultados do estudo sobre o efeito das formulações das dietas na postura de ovos no apiário 1 são apresentados na tabela 8. Independentemente dos diferentes períodos de alimentação, a área média máxima de postura de ovos (2246,0 cm^2 por colónia) foi observada nas colónias que receberam a dieta nº 3. O valor da área de postura de ovos (2121,3 cm^2 por colónia) nas colónias que receberam a dieta nº 4 foi muito próximo e estatisticamente semelhante.

Seguiu-se a área de postura de ovos (1595,5 cm^2 por colónia) nas colónias que receberam a dieta 2, que foi estatisticamente diferente das colónias que receberam as dietas 1, 6 e 5, ou seja, 1108,0, 977,3 e 756,2 cm^2 por colónia, respetivamente. Registou-se uma área mínima de postura de ovos (538,1 cm^2 por colónia) nas colónias de controlo, que foi estatisticamente mais baixa em comparação com as colónias experimentais (Figura 25).

Quadro 8: Efeito da alimentação de apoio na área de postura de ovos (cm^2) em colónias de Apis mellifera no apiário 1

Treatment \ Period	Diet 1	Diet 2	Diet 3	Diet 4	Diet 5	Diet 6	Control	MEAN
20th April	1750.3 (3.23)*	1709.3 (3.2)	1810.7 (3.25)	1790.0 (3.25)	1691.0 (3.22)	1323.3 (3.12)	1299.0 (3.11)	1625.7 (3.20)
11th May	1019.3 (3.00)	1042.0 (3.01)	1313.0 (3.11)	1118.7 (3.04)	687.0 (2.82)	748.3 (2.87)	707.3 (2.84)	947.9 (2.96)
1st June	420.7 (2.61)	536.7 (2.72)	796.7 (2.90)	910.0 (2.95)	280.3 (2.42)	494.7 (2.68)	118.7 (2.06)	508.2 (2.62)
22nd June	531.7 (2.71)	944.0 (2.97)	1629.0 (3.21)	1771.0 (3.24)	145.0 (2.15)	391.0 (2.59)	105.0 (2.01)	788.2 (2.70)
13th July	1047.0 (3.02)	1448.0 (3.16)	2398.7 (3.38)	2339.0 (3.36)	247.3 (2.38)	934.3 (2.97)	173.0 (2.10)	1227.0 (2.91)
3rd Aug	1230.3 (3.09)	1960.0 (3.29)	3218.0 (3.50)	2542.7 (3.40)	768.3 (2.88)	1227.0 (3.08)	376.3 (2.56)	1617.0 (3.11)
24th Aug	1378.7 (3.13)	2432.3 (3.38)	3373.7 (3.52)	3154.0 (3.49)	1087.3 (3.03)	1351.7 (3.13)	762.3 (2.87)	1934.3 (3.22)

14th Sept	1485.3 (3.17)	2687.3 (3.42)	3434.7 (3.53)	3342.0 (3.52)	1144.7 (3.05)	1349.0 (3.12)	763.7 (2.88)	2029.0 (3.24)
MEAN	1108.0 (2.99)	1594.5 (3.15)	2246.0 (3.30)	2121.3 (3.28)	756.2 (2.74)	977.3 (2.94)	538.1 (2.55)	
CD$_{0.05}$	**T (Treatment)** 0.04 **I (Brood cycle)** 0.05 **T X I (Treatment X Brood cycle)** 0.13							

1 Os valores entre parênteses são valores transformados logaritmicamente

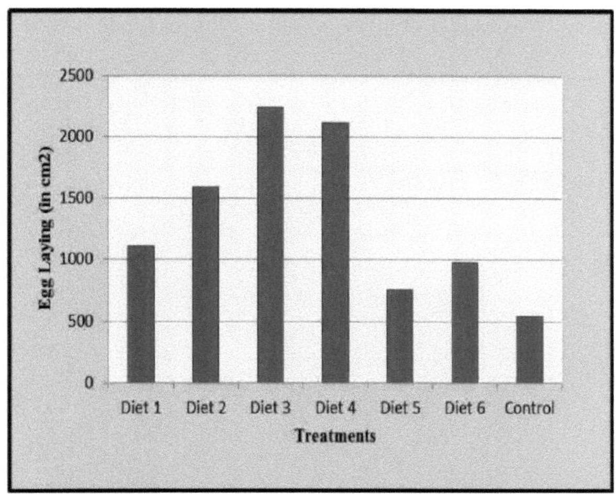

Figura 25: Efeito da alimentação de apoio na área de postura de ovos (cm^2) em colónias de Apis mellifera no apiário 1

A área média de postura de ovos, independentemente do fornecimento de alimentação artificial, diminuiu significativamente do valor inicial (1625,7 cm^2 por colónia) durante o primeiro ciclo de criação, a 20 de abril, para um nível de 947,9 cm^2 por colónia durante o segundo ciclo de criação, a 11 de maio. A área média de postura de ovos diminuiu ainda mais para 508,2 cm^2 por colónia no dia 1 de junho. Após este período, verificou-se um aumento significativo com 788,2, 1227,0, 1617,0 e 1934,3 cm^2 por colónia em 22nd de junho, 13th de julho, 3rd e 24th de agosto, respetivamente. A postura máxima de ovos foi observada no final da experiência (2029,0 cm^2 por colónia) a 14 de setembro.

A área de postura de ovos diminuiu significativamente entre todas as colónias até junho, pois a área de postura mais baixa (105,0 cm^2 por colónia) foi observada a 22nd de junho, que foi estatisticamente igual à área de postura de ovos (118,7 cm^2 por colónia) a 1st de junho nas colónias de controlo, seguida de 145,0 cm^2 por colónia nas colónias alimentadas com a dieta 5 a 22nd de junho. No final da experiência (14 de setembro), a área máxima de postura de ovos (3434,7 cm^2 por colónia) foi observada nas colónias que receberam a dieta 3, que foi estatisticamente semelhante à postura de ovos (3342,0 cm^2 por colónia) nas colónias que receberam a dieta 4, seguida de 2687,3, 1485,3, 1349,0 e 1144,7 cm^2 por colónia, nas colónias alimentadas com as dietas 2, 1, 6 e 5, respetivamente. Foi observada uma postura mínima de ovos nas colónias de controlo (763,7 cm^2 por colónia).

Esta experiência foi também efectuada em Gwalior e os dados obtidos para a área de postura de ovos são apresentados no quadro 9.

Os resultados mostraram que a área máxima de postura de ovos (765,0 cm^2 por colónia) foi observada nas colónias que receberam a dieta 4, que foi estatisticamente semelhante à área de postura de ovos nas colónias que receberam a dieta 3 (671,7 cm^2 por colónia). No entanto, as diferenças não foram significativas nas colónias que receberam as dietas 1, 2, 6 e 5; os valores respectivos foram de 515,9, 476,1, 355,3 e 221,3 cm^2 por colónia, respetivamente. A área mínima de postura de ovos (202,3 cm^2 por colónia) foi observada nas colónias de controlo (Figura 26).

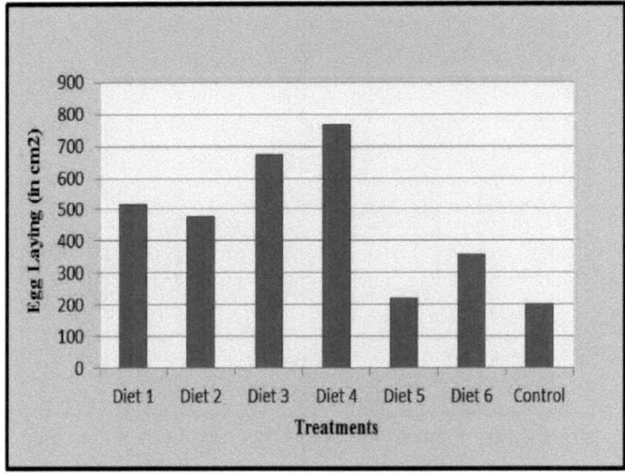

Figura 26: Efeito da alimentação de apoio na área de postura de ovos (cm^2) em colónias de Apis mellifera no apiário 2

Independentemente da alimentação com vários substitutos e suplementos de pólen, foi observada uma área máxima de postura de ovos no início da experiência, ou seja, 1012,0 cm^2 por colónia a 18 de abril, que diminuiu significativamente até junho. A postura de ovos foi registada em 384,6 e 205,3 cm^2 por colónia em 9th de maio e 30th de maio, respetivamente. A área média de postura de ovos diminuiu ainda mais para 188,9 cm^2 por colónia no [dia] 20 de junho. Após este período, verificou-se um aumento significativo: 260,9, 378,8 e 593,2 cm^2 por colónia a 11 de julho, 1 e 22 de agosto, respetivamente. A postura máxima de ovos foi observada no final da experiência (641,8 cm^2 por colónia) a 12 de setembro.

Quadro 9: Efeito da alimentação de apoio na área de postura de ovos (cm^2) em colónias de Apis mellifera no apiário 2

Treatment / Period	Diet 1	Diet 2	Diet 3	Diet 4	Diet 5	Diet 6	Control	MEAN
18th April	1710.0 (3.23)*	977.3 (2.99)	803.0 (2.90)	1047.0 (3.01)	696.7 (2.84)	1029.0 (3.00)	823.0 (2.91)	1012.0 (2.98)
9th May	545.7 (2.73)	393.3 (2.58)	383.7 (2.58)	600.0 (2.77)	264.0 (2.40)	339.0 (2.52)	166.7 (2.21)	384.6 (2.54)

Period	Diet 1	Diet 2	Diet 3	Diet 4	Diet 5	Diet 6	Control	MEAN
30th May	146.3 (2.16)	164.7 (2.17)	398.0 (2.59)	484.3 (2.68)	68.3 (1.76)	132.3 (2.07)	43.0 (1.61)	205.3 (2.15)
20th June	116.7 (2.07)	197.7 (2.27)	316.0 (2.49)	477.0 (2.67)	45.7 (1.60)	86.7 (1.93)	8.3 (0.47)	188.9 (1.97)
11th July	277.3 (2.44)	308.7 (2.49)	452.3 (2.65)	573.7 (2.74)	101.3 (1.94)	160.7 (2.20)	26.0 (1.06)	260.9 (2.18)
1st Aug	346.0 (2.46)	406.7 (2.59)	663.3 (2.81)	709.7 (2.84)	197.3 (2.28)	200.7 (2.26)	128.0 (2.10)	378.8 (2.48)
22nd Aug	509.3 (2.70)	572.3 (2.75)	1186.0 (3.06)	974.0 (2.98)	224.7 (2.31)	463.0 (2.66)	223.7 (2.34)	593.2 (2.69)
12th Sept	476.3 (2.67)	788.0 (2.89)	1172.0 (3.06)	1255.0 (3.09)	172.3 (2.23)	431.0 (2.63)	198.7 (2.29)	641.8 (2.70)
MEAN	515.9 (2.56)	476.1 (2.59)	671.7 (2.77)	765.0 (2.85)	221.3 (2.17)	355.3 (2.41)	202.3 (1.87)	

$CD_{0.05}$	
T (Treatment)	0.18
I (Brood cycle)	0.12
T X I (Treatment X Brood cycle)	0.33

1 Os valores entre parênteses são valores transformados logaritmicamente

A área mínima de postura de ovos foi revelada pelas colónias de controlo durante todos os períodos de experimentação, em comparação com as colónias experimentais. Durante o mês de junho, quando quase não havia flora natural disponível para as abelhas, foi registada uma área de postura de ovos tão baixa como 8,3 cm² por colónia no [dia] 20 de junho. Também nas colónias experimentais, a área mínima de postura de ovos foi registada no [dia] 20 de junho, com valores respectivos de 116,7, 197,7, 316,0, 477,0, 45,67 e 86,67 cm² por colónia nas dietas 1, 2, 3, 4, 5 e 6, respetivamente. Todos estes foram significativamente mais elevados do que os valores de controlo, devido ao impacto óbvio da dieta artificial.

4.6.2   ) Ninhada não selada

Os resultados relativos ao efeito da alimentação com substitutos e suplementos de pólen sobre a criação de crias não seladas no apiário 1 são apresentados no quadro 10.

Quadro 10: Efeito da alimentação de apoio na área de criação não selada (cm²) em colónias de Apis mellifera no apiário 1

Treatment / Period	Diet 1	Diet 2	Diet 3	Diet 4	Diet 5	Diet 6	Control	MEAN
20th April	631.7 (2.79)*	358.3 (2.55)	1048.0 (3.02)	523.0 (2.71)	461.7 (2.66)	782.0 (2.89)	703.3 (2.84)	643.9 (2.78)
11th May	199.0 (2.29)	483.7 (2.68)	773.0 (2.88)	665.3 (2.82)	97.0 (1.98)	404.7 (2.60)	462.0 (2.66)	440.7 (2.56)
1st June	289.3 (2.46)	302.3 (2.48)	359.3 (2.55)	386.3 (2.58)	180.3 (2.25)	105.3 (2.02)	134.7 (2.10)	251.1 (2.35)
22nd June	102.3 (2.00)	903.0 (1.95)	185.0 (2.26)	167.3 (2.22)	92.0 (1.95)	112.7 (2.00)	89.7 (1.84)	119.9 (2.05)
13th July	150.3 (2.17)	124.7 (2.08)	497.3 (2.69)	189.0 (2.27)	90.7 (1.95)	110.7 (2.03)	102.3 (2.00)	180.7 (2.17)
3rd Aug	614.0 (2.78)	224.7 (2.34)	1187.0 (3.07)	789.7 (2.89)	118.0 (2.06)	429.3 (2.63)	204.0 (2.29)	509.5 (2.58)
24th Aug	1132.0 (3.05)	604.0 (2.78)	1490.0 (3.17)	1300.0 (3.11)	300.3 (2.57)	837.3 (2.92)	405.3 (2.60)	878.3 (2.88)

14th Sept	891.7 (2.94)	831.7 (2.91)	1578.0 (3.19)	1386 (3.14)	636.0 (2.80)	839.7 (2.92)	387.7 (2.58)	935.9 (2.93)
MEAN	501.2 (2.56)	377.5 (2.47)	889.7 (2.85)	675.8 (2.72)	256.9 (2.28)	452.7 (2.51)	311.1 (2.38)	
CD$_{0.05}$	T (Treatment) 0.03 I (Brood cycle) 0.03 T X I (Treatment X Brood cycle) 0.10							

1 Os valores entre parênteses são valores transformados logaritmicamente

Os melhores resultados na área de criação não selada foram mostrados pelas colónias alimentadas com a formulação de dieta 3 com valor máximo (889,7 cm^2 por colónia). O valor da área de criação não selada (675,8 cm^2 por colónia) nas colónias que receberam a dieta nº 4 foi muito próximo e estatisticamente semelhante.

Seguiu-se a área de criação não selada nas colónias que receberam 1, 6, 2 e 5; os valores respectivos foram 675,8, 501,2, 452,7, 377,5 e 256,9 cm^2 por colónia. A área média de criação não selada nas colónias de controlo foi observada como sendo (311,1 cm^2 por colónia), o que foi superior às colónias que receberam a dieta 5 (Figura 27).

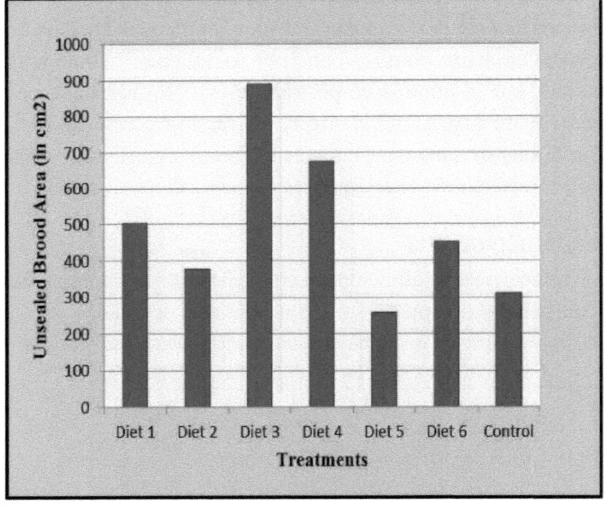

Figura 27: Efeito da alimentação de apoio na quantidade de criação não selada (cm^2) em colónias de Apis mellifera no apiário 1

Os resultados mostraram ainda que, independentemente das diferentes dietas dadas às abelhas, a área de criação não selada atingiu uma média de 643,9 cm^2 por colónia no início da experiência, ou seja, a 20 de abril, tendo diminuído significativamente para 440.7 cm^2 por colónia no dia 11 de maio, diminuindo ainda mais para 251,1 cm$^{(2)}$ por colónia no dia 1 de junho. No entanto, a área mínima de criação não selada foi observada no mês de junho, sendo o valor de 119,9 cm^2 por colónia. No final da experiência, a área máxima de criação não selada foi de 1578,0 cm^2 por colónia nas colónias que receberam a dieta 3 no dia 14 de setembro, seguida da dieta 4 (1386,0 cm^2 por colónia), 1 (891,7 cm^2 por colónia), 6 (839,7 cm^2 por colónia), 2 (831,7 cm^2 por colónia) e 5 (636,0 cm^2 por colónia). Foi observada uma área mínima de criação não selada nas colónias de controlo não alimentadas (387,7 cm^2 por colónia), que foi estatisticamente inferior a todos os outros tratamentos.

Esta experiência também foi realizada em Gwalior e os dados obtidos para a área de criação não selada são apresentados no quadro 11. Independentemente dos diferentes períodos de alimentação, observou-se que a área máxima de criação não selada (640,3 cm^2 por colónia) foi registada nas colónias que receberam a dieta 4, que foi significativamente superior à área de criação não selada nas colónias que receberam as dietas 3, 2 e 6; os valores respectivos foram 577,4, 417,1 e 309,9 cm^2 por colónia. Por outro lado, foi observada uma diferença não significativa na área de criação não selada nas colónias alimentadas com a dieta 5 e nas que não foram alimentadas com quaisquer substitutos e suplementos de pólen; os valores foram 116,5 e 152,2 cm^2 por colónia, respetivamente (Figura 28).

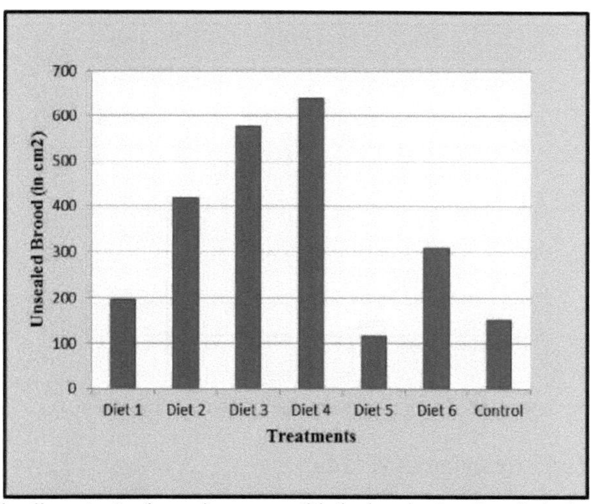

Figura 28: Efeito da alimentação de apoio na quantidade de criação não selada (cm^2) em colónias de Apis mellifera no apiário 2

Independentemente da alimentação, a área máxima de criação não selada atingiu um pico de (633,0 cm$^{(2)}$por colónia) a 18 de abril e diminuiu significativamente para (278,6 cm^2 por colónia) durante o segundo ciclo de criação. Observou-se um decréscimo adicional na área de criação não selada de 181,2 cm$^{(2)}$por colónia a 30 de maio e um mínimo de 151,0 cm^2 por colónia no mês de junho. Após este período, a área de criação não selada começou a aumentar, com 197,3, 328,1, 456,9 e 527,4 cm^2 por colónia a 11 de julho, 1 e 22 de agosto e 14 de setembro, respetivamente. No entanto, observou-se que a área de criação não selada diminuiu em todas as colónias até junho, quando houve escassez de alimento natural.

A maior área de criação não selada foi registada como sendo de 1097.0 cm^2 por colónia nas colónias que receberam a dieta 3 no final da experiência, seguida de 921.0, 725.4, 413.3, 194.0 e 151.3 cm^2 por colónia nas colónias que receberam a dieta 4, 2, 6, 1 e 5 respetivamente. Em ambos os apiários, observou-se um mínimo de criação não selada no mês de junho, quando havia escassez de alimento natural. Observou-se que a alimentação artificial resultou num aumento significativo da área de criação não selada em todos os intervalos de alimentação.

Quadro 11: Efeito da alimentação de apoio na área de criação não selada (cm^2) das colónias de Apis mellifera no apiário 2

Treatment / Period	Diet 1	Diet 2	Diet 3	Diet 4	Diet 5	Diet 6	Control	MEAN
18th April	563.0 (2.74)*	626.7 (2.78)	557.7 (2.73)	934.3 (2.97)	406.7 (2.59)	790.0 (2.89)	552.3 (2.74)	633.0 (2.78)
9th May	252.0 (2.38)	246.3 (2.35)	330.0 (2.50)	472.3 (2.67)	178.0 (2.23)	316.3 (2.49)	155.0 (2.18)	278.6 (2.40)
30th May	68.3 (1.81)	180.7 (2.22)	370.7 (2.56)	468.7 (2.66)	54.7 (1.71)	88.7 (1.94)	36.7 (1.56)	181.2 (2.07)
20th June	42.0 (1.50)	166.3 (2.20)	232.0 (2.33)	424.7 (2.60)	28.0 (1.02)	160.0 (2.20)	4.0 (0.37)	151.0 (1.74)
11th July	96.3 (1.86)	248.3 (2.39)	428.0 (2.62)	485.0 (2.68)	30.0 (0.65)	76.0 (1.88)	17.3 (0.95)	197.3 (1.86)
1st Aug	171.7 (2.21)	530.0 (2.71)	689.0 (2.83)	566.0 (2.74)	21.3 (0.60)	232.3 (2.35)	86.0 (1.93)	328.1 (2.20)
22nd Aug	178.3 (2.33)	613.0 (2.77)	915.0 (2.95)	850.3 (2.93)	62.3 (1.74)	402.7 (2.48)	176.7 (2.24)	456.9 (2.49)
12th Sept	194.0 (2.27)	725.0 (2.86)	1097.0 (3.04)	921.0 (2.96)	151.3 (2.12)	413.3 (2.61)	190.3 (2.27)	527.4 (2.59)
MEAN	195.7 (2.12)	417.1 (2.53)	577.4 (2.70)	640.3 (2.77)	116.5 (1.58)	309.9 (2.37)	152.2 (1.78)	
CD$_{0.05}$	T (Treatment) 0.17 I (Brood cycle) 0.18 T X I (Treatment X Brood cycle) 0.49							

1 Os valores entre parênteses são valores transformados logaritmicamente

4.6.3) Zona de criação selada

Os dados registados, no apiário 1, sobre o efeito das formulações das dietas alimentares na área de criação selada são apresentados no quadro 12. Verificou-se que no apiário 1, independentemente dos diferentes períodos de alimentação, a quantidade máxima (2155,3 cm^2 por colónia) de criação selada foi criada nas colónias que receberam a dieta n° 3. Este valor foi estatisticamente igual à área de criação selada (2053.0 cm^2 por colónia) nas colónias alimentadas com a dieta n° 4. Foi observada uma diferença significativa nos valores da área de criação selada nas colónias alimentadas com a dieta 2, 1 e 6, com valores médios de 1599,7, 1254,5 e 1070,3 cm^2 por colónia, respetivamente. Foi observada uma área mínima de criação selada (731,7 cm^2 por colónia) nas colónias de controlo, isto é, não alimentadas com qualquer dieta artificial. As colónias alimentadas com as dietas nos. 3, 4, 2, 1, 6 e 5, respetivamente, apresentaram 66,0, 64,3, 54,2, 41,6, 31,6 e 22,8 por cento mais de área de criação do que as colónias de controlo (Quadro 12, Figura 29). Este aumento na criação de criação indica claramente a utilidade prática do suplemento/substituto de pólen rico em proteínas para as colónias de abelhas.

Quadro 12: Efeito da alimentação de apoio na área de criação selada (cm^2) em colónias de A. mellifera no apiário 1

Treatment \ Period	Diet 1	Diet 2	Diet 3	Diet 4	Diet 5	Diet 6	Control	MEAN
20th April	2892.3 (3.46)*	2847.7 (3.45)	2771.7 (3.44)	2959.7 (3.47)	2787.7 (3.44)	2165.7 (3.33)	2208.0 (3.34)	2661.9 (3.42)
11th May	1718.0 (3.23)	1694.3 (3.22)	1801.3 (3.25)	1753.0 (3.24)	1656.9 (3.21)	1272.3 (3.10)	1293.7 (3.11)	1598.5 (3.19)
1st June	976.7 (2.98)	1028.3 (3.01)	1322.7 (3.12)	1110.3 (3.04)	669.7 (2.81)	747.7 (2.87)	700.7 (2.84)	936.3 (2.95)
22nd June	368.3 (2.55)	515.0 (2.70)	784.7 (2.89)	892.7 (2.94)	264.0 (2.39)	490.0 (2.68)	109.3 (2.02)	489.1 (2.60)
13th July	513.7 (2.70)	935.7 (2.99)	1623.0 (3.20)	1740.0 (3.24)	137.0 (2.12)	390.0 (2.59)	104.0 (2.01)	777.3 (2.69)
3rd Aug	998.3 (2.99)	1444.0 (3.16)	2361.0 (3.37)	2319.0 (3.36)	234.3 (2.36)	933.0 (2.96)	300.3 (2.44)	1227.0 (2.95)
24th Aug	1212.0 (3.08)	1918.0 (3.28)	3214.0 (3.50)	2507.0 (3.39)	755.7 (2.87)	1212.0 (3.08)	375.0 (2.56)	1599.3 (3.11)
14th Sept	1358.3 (3.13)	2413.0 (3.38)	3363.3 (3.52)	3145.3 (3.49)	1081.0 (3.03)	1348.0 (3.13)	756.7 (2.87)	1924.0 (3.22)
MEAN	1254.5 (3.02)	1599.7 (3.14)	2155.3 (3.29)	2053.0 (3.27)	948.6 (2.78)	1070.3 (2.97)	731.7 (2.65)	
CD$_{0.05}$	T (Treatment) 0.03 I (Brood cycle) 0.04 T X I (Treatment X Brood cycle) 0.11							

1 Os valores entre parênteses são valores transformados logaritmicamente

Os dados revelaram que, independentemente da alimentação, a área máxima de criação selada foi de 2661,9 cm² por colónia no início da experiência. A área de criação começou a diminuir até ao mês de julho e variou entre 1598,7, 936,3 e 489,1 cm² por colónia em 11th de maio, 1st de junho e 22nd de junho. Depois disso, a área de criação selada começou a aumentar e registou 777,3 cm$^{(2)}$ por colónia a 13 de julho. Além disso, a área de criação selada aumentou para 1227,0 e 1599,3 cm² por colónia no mês de agosto e registou 1924,0 cm² por colónia no último ciclo de criação, a 14 de setembro, ou seja, no final da experiência. No início (abril) da experiência, quando a escassez de alimento não era tão grave em todas as colónias experimentais e de controlo, a quantidade de área de criação selada era bastante elevada. Nas colónias de controlo, diminuiu rapidamente durante os meses seguintes, enquanto nas colónias experimentais, o declínio não foi tão elevado devido à alimentação suplementar. A área máxima de criação selada foi observada nas colónias que receberam a dieta n° 3 nos meses de agosto (3363,3 cm² por colónia) e setembro (3214,0 cm² por colónia). Não houve diferença estatisticamente significativa nos valores durante estes dois meses. As colónias alimentadas com a dieta n° 4 também mostraram um valor médio elevado de área de criação selada durante setembro (3145,3 cm^2 por colónia) e agosto (2507,0 cm^2 por colónia). É claro a partir destes resultados que as dietas no. 3 e 4 são suficientemente boas para manter ou mesmo ultrapassar o alto nível inicial (abril) da área de criação selada.

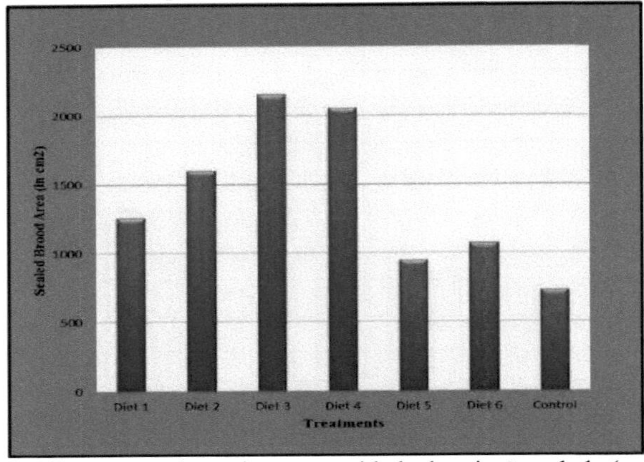

Figura 29: Efeito da alimentação de apoio na quantidade de criação selada (cm^2) em colónias de A. mellifera no apiário 1

Foi observada uma tendência quase semelhante na criação de criação selada quando a experiência foi repetida no apiário 2 (Gwalior). Observou-se que, independentemente dos diferentes períodos de alimentação, as colónias que receberam a dieta 4 criaram o máximo de criação selada (723,4 cm^2 por colónia), seguidas de 658,8 e 640,5 cm^2 por colónia nas colónias que receberam as dietas 3 e 2. Não se verificou qualquer diferença estatística entre as quantidades de criação selada criadas pelas abelhas relativamente a estas três dietas. As colónias que receberam a dieta 6 apresentaram uma área de criação selada de 521,4 cm^2 por colónia, seguida de 485,7 cm^2 por colónia nas colónias que receberam a dieta 1. A área mínima de criação selada (330,1 cm^2 por colónia) foi registada nas colónias não alimentadas (controlo), o valor foi estatisticamente semelhante ao das colónias que receberam a dieta 5 (340,6 cm^2 por colónia) (Quadro 13, Figura 30).

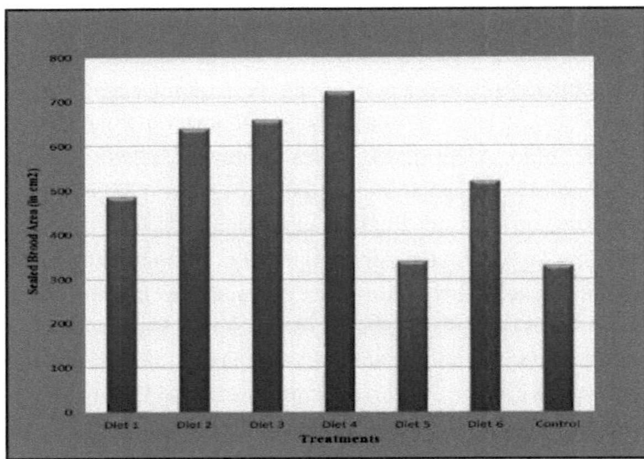

Figura 30: Efeito da alimentação de apoio na quantidade de criação selada (cm^2) em colónias de Apis

mellifera no apiário 2

Os dados mostraram ainda que, independentemente da alimentação, a área máxima de criação selada foi observada a 18 de abril, no início da experiência (1344,6 cm^2 por colónia), que diminuiu significativamente para um nível de 942,5 cm^2 por colónia após o primeiro ciclo de criação, ou seja, no mês de maio, diminuindo ainda mais para 334,2 cm^2 por colónia a 20 de junho. Foram observadas diferenças não significativas na primeira quinzena de julho (141,1 cm^2 por colónia), que se mantiveram quase semelhantes na segunda quinzena de julho (169,3 cm^2 por colónia).

Quadro 13: Efeito da alimentação suplementar na quantidade de criação selada (cm^2) em colónias de Apis mellifera no apiário 2

Treatment \ Period	Diet 1	Diet 2	Diet 3	Diet 4	Diet 5	Diet 6	Control	MEAN
18th April	1607.7 (3.20)*	1687.3 (3.22)	1033.3 (3.01)	1213.0 (3.08)	1193.7 (3.07)	1250.0 (3.08)	1421.7 (3.15)	1344.6 (3.11)
9th May	918.0 (2.96)	1473.3 (3.16)	730.7 (2.85)	960.0 (2.98)	748.3 (2.87)	1027.0 (3.01)	740.3 (2.86)	942.5 (2.95)
30th May	327.0 (2.50)	564.0 (2.73)	369.7 (2.56)	422.0 (2.62)	213.3 (2.32)	288.0 (2.45)	155.3 (2.17)	334.2 (2.48)
20th June	120.3 (2.03)	101.0 (2.00)	356.7 (2.55)	278.3 (2.44)	26.0 (1.02)	147.3 (2.11)	28.7 (1.42)	151.1 (1.94)
11th July	118.7 (2.06)	128.7 (2.10)	356.0 (2.54)	402.0 (2.60)	38.3 (1.48)	136.0 (2.12)	0.0 (0.00)	169.3 (1.90)
1st Aug	107.3 (2.02)	231.0 (2.35)	435.0 (2.63)	459.0 (2.66)	125.7 (2.05)	368.0 (2.55)	16.7 (0.91)	249.0 (2.17)
22nd Aug	231.3 (2.32)	412.0 (2.57)	747.7 (2.86)	756.0 (2.87)	140.0 (2.13)	437.0 (2.61)	108.0 (2.02)	404.6 (2.48)
12th Sept	456.7 (2.65)	527.3 (2.71)	1242.0 (3.09)	1297.0 (3.11)	240.0 (2.36)	518.0 (2.71)	165.0 (2.21)	635.0 (2.69)
MEAN	485.7 (2.47)	640.5 (2.61)	658.8 (2.76)	723.4 (2.79)	340.6 (2.16)	521.4 (2.58)	330.1 (1.89)	
CD$_{0.05}$	T (Treatment) 0.13 I (Brood cycle) 0.14 T X I (Treatment X Brood cycle) 0.36							

1 Os valores entre parênteses são valores transformados log+1

Depois disso, a área de criação selada começou a aumentar e registou 249.0 cm$^{(2)}$ por colónia no dia 1 de agosto, aumentando ainda mais para 404.6 e 635.0 cm^2 por colónia na segunda metade de agosto e no final da experiência, respetivamente. A criação de criação selada em todas as colónias que receberam diferentes formulações de dieta foi mais elevada no mês de abril (isto é, no início da experiência). A área de criação selada diminuiu até ao mês de junho e depois começou a aumentar em todas as colónias.

Nas colónias de controlo, observou-se que a área de criação selada diminuía significativamente à medida que o período de escassez progredia; tornou-se nula no mês de julho e mostrou recuperação a partir de agosto, devido à re-disponibilidade da flora natural. Em todas as colónias experimentais também se verificou um declínio na área de criação selada, mas nas colónias com aceitabilidade apreciável (consumo) a redução não foi tão acentuada devido à suplementação da alimentação. A partir de agosto, observou-se uma tendência para melhorar o estado da área de criação selada, obtendo-se rapidamente valores elevados semelhantes aos iniciais. Pode concluir-se aqui que o fornecimento de dieta artificial ajuda a reduzir os efeitos negativos da falta e/ou indisponibilidade de flora natural nos parâmetros da colónia. Mesmo assim, a alimentação artificial não foi capaz de manter o estado natural dos parâmetros da colónia, que só puderam ser restaurados quando algumas fontes naturais de alimentos estavam disponíveis em agosto e depois disso.

Em ambos os apiários, de acordo com o consumo máximo das formulações 3 e 4 da dieta, foi também observada uma área máxima de criação selada nas colónias alimentadas com as dietas 3 e 4. Estas fórmulas de dieta parecem ser altamente adequadas para suprir as necessidades nutricionais (proteínas) das abelhas necessárias para a criação de criação.

4.6.4) População de abelhas

Os dados registados, no apiário 1, sobre o efeito das formulações da dieta alimentar na população de colónias de abelhas são apresentados no quadro 14.

Os resultados revelaram que, independentemente dos diferentes períodos de desenvolvimento das colónias, a população máxima de abelhas foi, em média, nas colónias que receberam a dieta 3 (11509,1 abelhas por colónia), que foi, estatisticamente, igual às colónias alimentadas com a dieta 4, ou seja, 11469,2 abelhas por colónia. Foram observadas diferenças não significativas nas colónias que receberam as dietas 1, 2 e 6, sendo os valores respectivos de 10926,1, 10875,9 e 10799,3 abelhas por colónia, respetivamente. No entanto, a população de abelhas foi registada como sendo mínima nas colónias de controlo (9686,1 abelhas por colónia), seguida das colónias que receberam a dieta 5 (9819,6 abelhas por colónia) (Figura 31). Os resultados mostraram ainda que, independentemente da alimentação, a população média de abelhas era de 11660,0 abelhas por colónia, tendo diminuído de forma não significativa para 11340,0, 10680,2, 10070,0 e 9442,0 abelhas por colónia nos dias 11 de maio, 1 de junho, 22 de junho e 13 de julho, respetivamente.

Quadro 14: Efeito da alimentação suplementar sobre a população de abelhas (Apis mellifera) nas colónias do apiário 1

Treatment / Period	Diet 1	Diet 2	Diet 3	Diet 4	Diet 5	Diet 6	Control	MEAN
20th April	12160.0 (4.08)*	11680.3 (4.06)	11280.3 (4.05)	11610.7 (4.06)	11100.7 (4.04)	12060.0 (4.08)	11730.7 (4.06)	11660.0 (4.06)
11th May	12160.0 (4.08)	11680.3 (4.06)	11280.7 (4.05)	11480.3 (4.05)	10530.0 (4.02)	11490.7 (4.06)	10740.3 (4.03)	11340.0 (4.05)

1st June	11410.3 (4.05)	10700.3 (4.02)	10800.3 (4.03)	11050.3 (4.04)	9793.3 (3.99)	10750.3 (4.03)	10280.7 (4.01)	10680.2 (4.02)
22nd June	10640.3 (4.02)	10200.0 (4.00)	10570.3 (4.02)	10690.3 (4.02)	9507.7 (3.97)	10120.3 (4.00)	8799.0 (3.94)	10070.0 (4.00)
13th July	9686.0 (3.98)	9603.7 (3.98)	10110.0 (4.00)	9890.7 (3.99)	9121.0 (3.96)	9413.0 (3.97)	8268.7 (3.91)	9442.0 (3.97)
3rd Aug	10300.7 (4.01)	9932.7 (3.99)	11280.3 (4.05)	10280.0 (4.01)	9155.3 (3.96)	9581.3 (3.98)	8763.3 (3.94)	9889.0 (3.99)
24th Aug	10440.3 (4.01)	10300.3 (4.01)	12340.0 (4.09)	10850.3 (4.03)	9482.0 (3.97)	9848.0 (3.99)	9386.0 (3.97)	10380.4 (4.01)
14th Sept	10610.7 (4.02)	12910.0 (4.11)	17570.0 (4.24)	15900.3 (4.20)	9861.3 (3.99)	13130.7 (4.11)	9520.3 (3.97)	12780.3 (4.09)
MEAN	10926.1 (4.03)	10875.9 (4.03)	11509.1 (4.06)	11469.2 (4.05)	9819.6 (3.99)	10799.3 (4.03)	9686.1 (3.98)	
$CD_{0.05}$	T (Treatment) 0.01 I (Brood cycle) 0.02 T X I (Diet X Brood cycle) 0.03							

1 Os valores entre parênteses são valores transformados logaritmicamente

Mais tarde, nos meses de agosto e setembro, a população de abelhas começou a aumentar e registou 9889.0 e 10380.4 abelhas por colónia nos dias 3rd e 24th de agosto, aumentando ainda mais para 12780.3 abelhas por colónia, no final da experiência.

No final da experiência (a 14 de setembro), as colónias que receberam a dieta 3 (17570.0), seguidas das dietas 4, 6, 2, 1 e 5, apresentavam valores de 15900.3, 13130.7 e 12910.0, 10610.7 e 9861.3 abelhas por colónia, respetivamente. A menor população de abelhas foi observada nas colónias de controlo não alimentadas (9520,3).

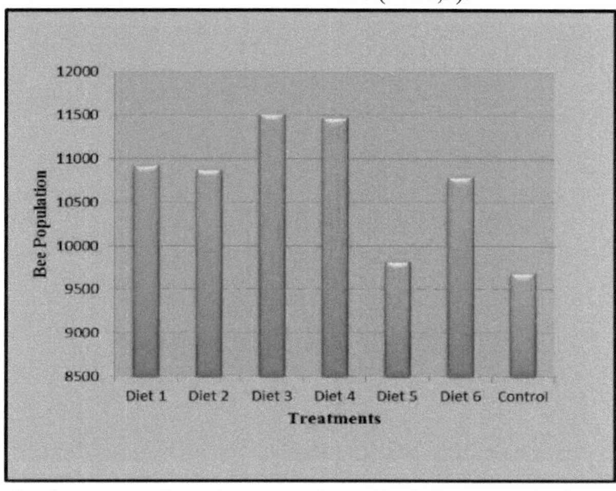

Figura 31: Efeito da alimentação de apoio na população de abelhas em colónias de Apis mellifera no

71

apiário 1

Foram obtidos resultados quase semelhantes quando a experiência foi repetida em Gwalior. Os dados assim obtidos relativamente à população de abelhas são apresentados no quadro 15.

Os resultados revelaram que, independentemente dos diferentes períodos de alimentação, a população de abelhas era em média de (9138,6 abelhas por colónia) nas colónias que receberam a dieta 3, que foi estatisticamente mais elevada em comparação com todos os outros tratamentos; os valores respectivos foram 8501,6, 8193,3, 8122,7, 8054,3 e 7850,0 abelhas por colónia nas colónias que receberam a dieta 4, 6, 1, 2 e 5, respetivamente. A população de abelhas mais baixa (8000,3 abelhas por colónia) foi observada nas colónias que não receberam quaisquer substitutos e suplementos de pólen (Figura 32).

Quadro 15: Efeito da alimentação suplementar na população de abelhas (Apis mellifera) Colónias, no apiário 2

Treatment / Period	Diet 1	Diet 2	Diet 3	Diet 4	Diet 5	Diet 6	Control	MEAN
18th April	9252.7 (3.96)*	9151.3 (3.96)	9487.3 (3.97)	9149.3 (3.96)	9056.3 (3.95)	9375.3 (3.97)	9347.0 (3.97)	9259.8 (3.96)
9th May	9163.7 (3.96)	9159.3 (3.96)	9083.7 (3.95)	9049.3 (3.95)	8762.3 (3.94)	9134.3 (3.96)	9103.3 (3.95)	9065.1 (3.95)
30th May	8642.3 (3.93)	8592.7 (3.93)	9219.3 (3.96)	9063.3 (3.95)	8140.3 (3.91)	8645.7 (3.93)	8657.3 (3.93)	8708.6 (3.93)
20th June	8148.3 (3.91)	7931.3 (3.89)	8926.3 (3.95)	8366.3 (3.92)	7673.3 (3.88)	7937.7 (3.89)	8234.7 (3.91)	8173.9 (3.91)
11th July	7526.3 (3.87)	7427.3 (3.87)	8650.3 (3.93)	8328.7 (3.92)	7123.7 (3.85)	7557.3 (3.87)	7939.0 (3.89)	7793.2 (3.89)
1st Aug	7468.3 (3.87)	7209.3 (3.85)	8729.7 (3.94)	8614.7 (3.93)	6929.0 (3.84)	7533.3 (3.87)	7257.0 (3.86)	7677.3 (3.88)
22nd Aug	7326.3 (3.86)	7574.3 (3.87)	9207.7 (3.96)	6091.7 (3.60)	7244.3 (3.86)	7548.0 (3.87)	6903.7 (3.83)	7413.7 (3.84)
12th Sept	7454.0 (3.87)	7574.0 (3.87)	9802.0 (3.99)	9353.0 (3.97)	7874.7 (3.89)	7815.3 (3.89)	6560.3 (3.81)	8035.2 (3.90)
MEAN	8122.7 (3.90)	8077.3 (3.90)	9138.6 (3.96)	8501.6 (3.90)	7850.0 (3.89)	8193.3 (3.91)	8000.3 (3.89)	
CD$_{0.05}$	T (Treatment) 0.04 I (Brood cycle) 0.04 T X I (Treatment X Brood cycle) 0.12							

1 Os valores entre parênteses são valores transformados logaritmicamente

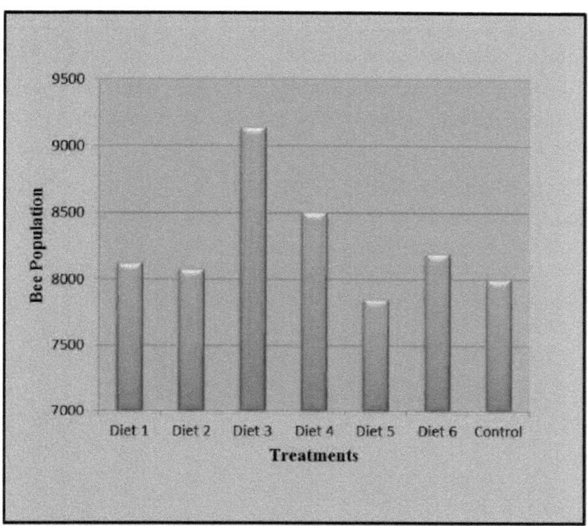

Figura 32: Efeito da alimentação de apoio na população de abelhas em colónias de Apis mellifera no apiário 2

Os dados também revelaram que, independentemente da alimentação, a população de abelhas diminuiu de forma não significativa do valor inicial de 9259,8 abelhas por colónia em 18 de abril para (9065,1 abelhas por colónia), seguido de 8708,6, 8173,9, 7793,2 e 7677,3 abelhas por colónia em 9 de maio, 30 de maio e 20 de junho, 11 de julho, 1 e 22 de agosto, respetivamente. A população de abelhas foi registada como mínima na segunda metade de agosto, ou seja, (7413,7 abelhas por colónia). Depois disso, observou-se um ligeiro aumento na população de abelhas, que foi registado como (8035,2 abelhas por colónia) no final da experiência.

Durante todo o experimento, a maior população de abelhas (9802.0 abelhas por colónia) foi observada nas colónias que receberam a dieta 3 no ^{dia} 12 de setembro, seguida pela população nas colónias alimentadas com as dietas 4, 5, 6, 2 e 1; os valores respectivos foram 9353.0, 7874.7, 7815.3, 7574.0 e 7454.0 abelhas por colônia. A população mínima de abelhas (6560,3 abelhas por colónia) foi observada nas colónias de controlo no final da experiência.

Observou-se que, em ambos os apiários, a população de abelhas diminuiu para o mínimo no mês de agosto em todas as colónias experimentais e, depois disso, a população começou a aumentar. Em ambos os apiários, a população média de abelhas foi máxima nas colónias alimentadas com as dietas 3 e 4, enquanto que a população mínima foi observada no caso das colónias não alimentadas com substitutos e suplementos de pólen.

4.6.5)   Número de quadros cobertos pelas abelhas

Os dados obtidos para o número de quadros cobertos pelas abelhas de abril a setembro, no apiário 1, são apresentados no quadro 16.

Os resultados revelaram que, independentemente dos diferentes períodos de alimentação, o número máximo de quadros (5,8) cobertos pelas abelhas foi registado nas colónias que receberam a dieta 3, o que foi estatisticamente mais elevado em comparação com outras colónias experimentais e de controlo. No entanto, as colónias que receberam a dieta 4 tinham 5,5 quadros cobertos por abelhas por colónia, seguidas pelo número de quadros cobertos por abelhas por colónia que recebeu a dieta 2 (5,4), a dieta 1 (5,3), a dieta 6 (5,1) e a dieta 5 (5,0), respetivamente.

Não houve diferença estatística entre o número de quadros cobertos pelas abelhas relativamente a estas quatro dietas, ao passo que se observou um número mínimo de quadros (4,8) nas colónias que não receberam qualquer dieta artificial (figura 33).

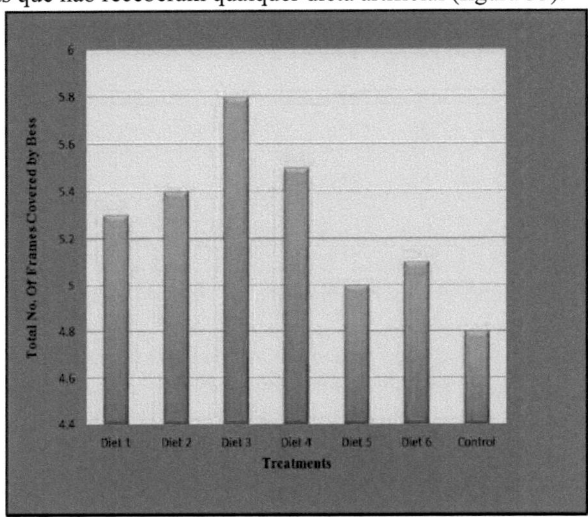

Figura 33: Efeito da alimentação de apoio no número de quadros cobertos pelas abelhas (Apis mellifera) no apiário 1

Quadro 16: Efeito da alimentação suplementar no número de quadros cobertos pelas abelhas no apiário 1

Treatment / Period	Diet 1	Diet 2	Diet 3	Diet 4	Diet 5	Diet 6	Control	MEAN
20th April	6.0 (2.44)*	6.0 (2.44)	6.0 (2.44)	6.0 (2.44)	6.0 (2.44)	6.0 (2.44)	6.0 (2.44)	6.0 (2.44)
11th May	6.0 (2.44)	5.9 (2.43)	5.8 (2.41)	5.7 (2.40)	5.5 (2.34)	5.7 (2.39)	5.4 (2.33)	5.7 (2.39)
1st June	5.6 (2.37)	5.4 (2.32)	5.5 (2.36)	5.5 (2.35)	5.1 (2.26)	5.3 (2.31)	5.2 (2.28)	5.4 (2.32)
22nd June	5.2 (2.29)	5.1 (2.72)	5.4 (2.33)	5.3 (2.31)	4.9 (2.22)	5.0 (2.24)	4.4 (2.10)	5.1 (2.25)
13th July	4.7 (2.18)	4.8 (2.20)	5.2 (2.28)	4.9 (2.22)	4.7 (2.18)	4.6 (2.16)	4.1 (2.02)	4.7 (2.18)
3rd Aug	5.0 (2.25)	5.0 (2.24)	5.8 (2.41)	5.1 (2.27)	4.7 (2.18)	4.7 (2.18)	4.4 (2.10)	5.0 (2.23)
24th Aug	5.1 (2.26)	5.2 (2.28)	6.3 (2.52)	5.4 (2.33)	4.8 (2.19)	4.9 (2.21)	4.7 (2.17)	5.2 (2.28)

14th Sept	5.1	5.6	6.7	6.3	4.8	5.0	4.8	5.5
	(2.27)	(2.38)	(2.59)	(2.59)	(2.19)	(2.51)	(2.19)	(2.34)
MEAN	5.3	5.4	5.8	5.5	5.0	5.1	4.8	
	(2.31)	(2.32)	(2.41)	(2.35)	(2.25)	(2.27)	(2.20)	
$CD_{0.05}$	T (Treatment) 0.02 I (Brood cycle) 0.03 T X I (Treatment X Brood cycle) 0.07							

* Os valores entre parênteses são valores transformados em raiz quadrada

Os dados mostram ainda que, independentemente da alimentação, o número máximo de quadros foi registado no [dia] 20 de abril.

O número de quadros cobertos pelas abelhas por colónia foi, em média, de (5,9) no início da experiência, o que foi estatisticamente igual ao número de quadros cobertos pelas abelhas no mês de maio (5,7). Depois de 11 de maio, o número de quadros cobertos pelas abelhas começou a diminuir significativamente para um nível de 5,4 e 5,1 em 1 de junho e 22 de junho, respetivamente.

O número mais baixo de quadros (4,7) foi registado durante o quinto ciclo de criação, ou seja, no mês de julho. No entanto, após este período, o número de quadros cobertos pelas abelhas por colónia começou a aumentar e registou 5,0 e 5,2 quadros cobertos pelas abelhas por colónia no mês de agosto e atingiu um máximo de (5,5) no final da experiência.

No final da experiência, o número máximo de quadros cobertos pelas abelhas (6,7) foi observado nas colónias que receberam a dieta 3, seguidas pelas colónias que receberam a dieta 4 (6,3). O número de quadros cobertos por abelhas nas colónias de controlo diminuiu significativamente do valor inicial de 6,0 para 5,4, 5,2, 4,4, 4,1, 4,4 e 4,4 a 11 de maio, 1 de junho, 22 de junho, 13 de julho, 3 de agosto e 24 de agosto, respetivamente. Observou-se um ligeiro aumento do número de quadros cobertos pelas abelhas no final da experiência (4,8).

Os dados obtidos para o número de quadros cobertos pelas abelhas no apiário 2, em Gwalior, são apresentados no quadro 17.

Os resultados da experiência revelaram que, independentemente dos diferentes períodos de alimentação, o número máximo de quadros cobertos pelas abelhas (5,8) foi registado nas colónias que receberam a dieta 3, que era, estatisticamente, igual ao número de quadros cobertos pelas abelhas nas colónias que receberam a dieta 4 (5,8), seguido de 5,2 quadros cobertos pelas abelhas por colónia nas colónias que receberam a dieta 2. O número de quadros cobertos pelas abelhas nas colónias que receberam a dieta 1 e 6, respetivamente, também foi calculado como sendo estatisticamente igual, sendo os respetivos valores 5,1 e 5,1.

O número mais baixo de quadros (4,9) cobertos pelas abelhas por colónia foi registado nas colónias que receberam a dieta 5 (figura 34).

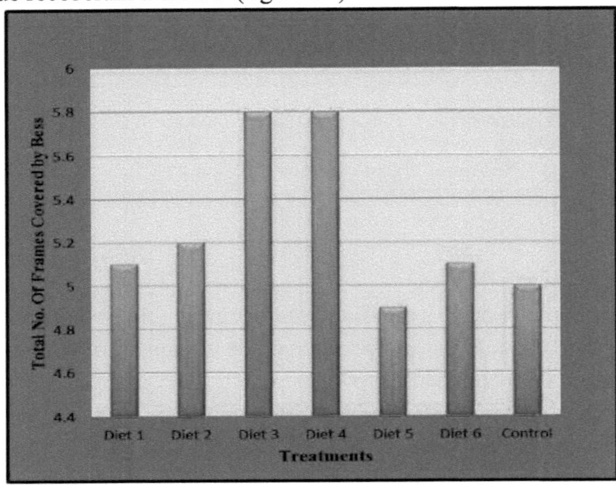

Figura 34: Efeito da alimentação de apoio no número de quadros cobertos pelas colónias de abelhas (Apis mellifera) no apiário 2

Os dados revelaram ainda que, independentemente da alimentação, o número mais elevado de quadros cobertos pelas abelhas foi, em média, de 5,9 quadros cobertos pelas abelhas por colónia no início da experiência, tendo diminuído significativamente até ao mês de agosto, com valores de 5,8, 5,6, 5,2, 5,0, 4,8 e 4,8, conforme em 11 de maio, 1 e 22 de junho, 13 de julho, 3 e 24 de agosto, respetivamente. O número mais baixo de quadros cobertos por abelhas por colónia foi observado no mês de agosto, ou seja, (4,8), no entanto, foi observado um pequeno aumento no número de quadros cobertos por abelhas no final da experiência (4,9).

Os resultados também mostraram que o número máximo de quadros (6,1) cobertos pelas abelhas por colónia foi observado nas colónias que receberam a dieta 3, estatisticamente a par das colónias que receberam a dieta 4 (6,0) durante o oitavo ciclo de criação, ou seja, no final da experiência. O número mais baixo de quadros (4.0) cobertos por abelhas por colónia foi registado nas colónias de controlo no dia 24 de agosto. Observou-se que o número de quadros cobertos pelas abelhas diminuiu até [ao] dia 3 de agosto, sendo os respectivos valores 4,7, 4,7, 5,6, 5,7, 4,3 e 4,5 nas colónias que receberam a dieta 1, 2, 3, 4, 5 e 6, respetivamente. Depois disso, o número de quadros cobertos por abelhas começou a aumentar em todas as colónias, exceto nas colónias não alimentadas com qualquer dieta artificial. Os resultados também mostraram que o número máximo de quadros (6,1) cobertos por abelhas por colónia foi observado nas colónias que receberam a dieta 3, estatisticamente a par das colónias que receberam a dieta 4 (6,0), seguidas pelas colónias que receberam a dieta 2 (4,8), 6 (4,7), 1 (4,5) e 5 (4,3) no final da experiência. O número mais baixo de quadros (4,1) cobertos por abelhas por colónia foi registado nas colónias de controlo.

O efeito da alimentação com várias formulações de dieta foi observado no número de quadros cobertos pelas abelhas, uma vez que o maior número de quadros foi registado no início da experiência, quando havia reservas suficientes de alimentos disponíveis nas colmeias.

Quadro 17: Efeito da alimentação suplementar no número de quadros cobertos pelas abelhas no apiário 2

Treatment / Period	Diet 1	Diet 2	Diet 3	Diet 4	Diet 5	Diet 6	Control	MEAN
18th April	6.0 (2.44)*	6.0 (2.44)	6.0 (2.44)	6.0 (2.44)	6.0 (2.44)	6.0 (2.44)	6.0 (2.44)	6.0 (2.44)
9th May	5.8 (2.41)	6.0 (2.44)	5.7 (2.39)	5.9 (2.44)	5.7 (2.39)	5.8 (2.41)	5.8 (2.41)	5.8 (2.41)
30th May	5.5 (1.36)	5.6 (2.37)	5.8 (2.41)	5.9 (2.43)	5.3 (2.30)	5.6 (2.37)	5.7 (2.39)	5.6 (2.37)
20th June	5.2 (2.28)	5.1 (2.26)	5.6 (2.37)	5.5 (2.35)	4.9 (2.22)	5.0 (2.25)	5.2 (2.29)	5.2 (2.29)
11th July	4.7 (2.17)	4.9 (2.21)	5.5 (2.35)	5.6 (2.37)	4.5 (2.12)	4.7 (2.18)	4.9 (2.21)	5.0 (2.23)
1st Aug	4.7 (2.18)	4.7 (2.17)	5.6 (2.36)	5.7 (2.38)	4.3 (2.08)	4.5 (2.12)	4.5 (2.12)	4.8 (2.20)
22nd Aug	4.5 (2.12)	4.9 (2.21)	5.9 (2.44)	5.7 (2.38)	4.3 (2.08)	4.5 (2.12)	4.0 (2.02)	4.8 (2.20)
12th Sept	4.5 (2.14)	4.8 (2.19)	6.1 (2.48)	6.0 (2.45)	4.3 (2.07)	4.7 (2.18)	4.1 (2.04)	4.9 (2.22)
MEAN	5.1 (2.26)	5.2 (2.29)	5.8 (2.41)	5.8 (2.41)	4.9 (2.21)	5.1 (2.26)	5.0 (2.24)	
$CD_{0.05}$	T (Treatment) 0.02 I (Brood cycle) 0.03 T X I (Treatment X Brood cycle) 0.07							

* Os valores entre parênteses são valores transformados em raiz quadrada

4.6.6) Lojas de mel

Os dados registados sobre as reservas de mel das colónias após a alimentação com substitutos de pólen e suplementos no Apiário 1 são apresentados no quadro 18.

Quadro 18: Efeito da alimentação suplementar nas reservas de mel em colónias de Apis mellifera no apiário 1

Treatment / Period	Diet 1	Diet 2	Diet 3	Diet 4	Diet 5	Diet 6	Control	MEAN
20th April	635.3 (2.79)*	805.3 (2.83)	732.7 (2.85)	795.3 (2.89)	765.7 (2.87)	710.7 (2.84)	686.3 (2.82)	733.1 (2.85)
11th May	552.3 (2.72)	584.0 (2.73)	618.0 (2.78)	678.3 (2.81)	534.7 (2.72)	678.3 (2.83)	358.3 (2.52)	572.0 (2.73)
1st June	338.0 (2.50)	253.0 (2.35)	461.7 (2.65)	363.3 (2.54)	237.0 (2.36)	353.3 (2.54)	112.7 (2.03)	302.9 (2.42)
22nd June	194.0 (2.24)	98.0 (1.93)	190.7 (2.26)	216.3 (2.30)	68.3 (1.81)	107.3 (2.03)	41.7 (1.59)	130.9 (2.02)
13th July	64.0 (1.32)	99.7 (1.97)	141.7 (2.13)	128.3 (2.09)	4.0 (0.371)	152.7 (2.15)	14.3 (0.54)	86.4 (1.51)
3rd Aug	75.7 (1.81)	152.0 (2.15)	217.0 (2.30)	281.0 (2.42)	76.7 (1.86)	222.3 (2.30)	27.3 (0.639)	150.4 (1.92)
24th Aug	499.7 (2.69)	611.3 (2.77)	597.7 (2.76)	540.7 (2.72)	232.3 (2.35)	447.0 (2.63)	136.7 (2.10)	438.0 (2.58)

14th Sept	965.0 (2.98)	1200.0 (3.07)	1139.0 (3.04)	979.3 (2.99)	282.3 (2.44)	565.3 (2.74)	274.0 (2.42)	772.1 (2.81)
MEAN	415.5 (2.38)	475.5 (2.48)	512.3 (2.60)	497.9 (2.59)	275.2 (2.10)	404.6 (2.51)	206.4 (1.83)	
CD$_{0.05}$	**T (Treatment)** 0.17 **I (Period)** 0.18 **T X I (Treatment X Period)** 0.50							

1 Valores entre parênteses valor transformado logaritmicamente

Os resultados revelaram que, independentemente dos diferentes períodos de alimentação do desenvolvimento da colónia, as reservas de mel eram máximas nas colónias que receberam a dieta 3 durante os períodos de escassez (512,3 cm^2 por colónia). As reservas de mel destas colónias diferiram significativamente das colónias que receberam as dietas 1 e 5 e das colónias de controlo que não foram alimentadas com substituto e suplemento de pólen. No entanto, não houve diferença significativa nas reservas de mel das colónias que receberam as dietas 4, 2, 1 e 6, sendo os respectivos valores 497,9, 475,5, 415,5 e 404,6 cm^2 por colónia, respetivamente. As reservas de mel mais baixas (206,4 cm^2 por colónia) foram observadas nas colónias de controlo (figura 35).

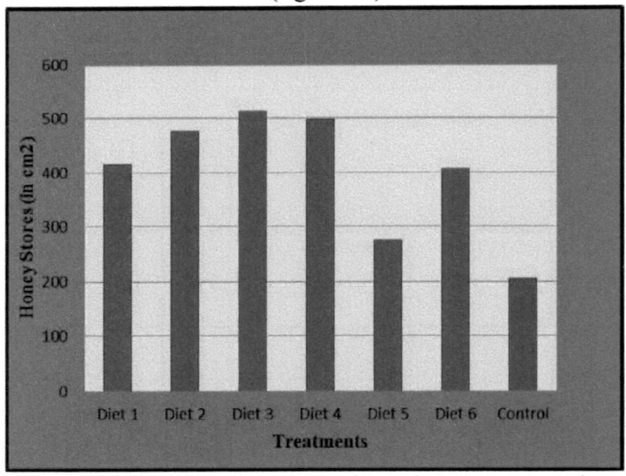

Figura 35: Efeito da alimentação de apoio nas reservas de mel em colónias de Apis mellifera no apiário 1

As reservas de mel, independentemente da quantidade de alimentação com vários substitutos e suplementos de pólen, atingiram uma média de 733,1 cm[2] por colónia no início da experiência, a 20 de abril, que diminuiu significativamente para um nível de 572,0 cm^2 por colónia após o primeiro ciclo de criação. Após 11 de maio, observou-se um decréscimo significativo nas reservas de mel de 302,9 cm^2 por colónia, seguido de 130,9 cm[2] por colónia em 1 e 22 de junho, respetivamente. Os níveis mais baixos de reservas de mel, 86,4 cm^2 por colónia, foram observados no mês de julho, tendo a aumentar para 150,4 cm^2 por colónia e depois para 438,0 e 772,1 cm^2 por colónia nos meses de agosto e setembro, respetivamente.

No final da experiência (a 14 de setembro), observou-se que as reservas de mel eram máximas nas colónias que receberam a dieta 2 (1200,0 cm^2 por colónia), seguidas pelas colónias que receberam as dietas 3, 4, 1, 6 e 5; os valores respectivos eram 1139,0, 979,3 e 965,0, 565,3 e 282,3 cm^2 por colónia. Observou-se que a área de armazenamento de mel era mínima nas colónias de controlo (274,0), o que era estatisticamente semelhante às colónias que receberam a dieta 5.

A experiência foi igualmente efectuada no apiário 2, situado em Gwalior, e os resultados obtidos para as reservas de mel são apresentados no quadro 19.

Os dados revelaram que, independentemente dos diferentes períodos de alimentação, as reservas de mel eram máximas nas colónias que receberam a dieta 2 (300,1 cm^2 por colónia), estatisticamente ao mesmo nível que a quantidade de reservas de mel nas colónias que receberam as dietas 4 e 3, ou seja, 318,7 e 288,5 cm^2 por colónia, respetivamente. No entanto, as reservas de mel foram registadas como sendo de 266,0 cm^2 por colónia, (215,2 cm^2 por colónia), (165,6 cm^2 por colónia) e (137,3 cm^2 por colónia) nas colónias que receberam as dietas 1, 6, 5 e o grupo de controlo (valores estatisticamente diferentes) (Figura 36).

As reservas de mel, independentemente da alimentação com vários substitutos e suplementos de pólen, atingiram uma média de 660,7 cm^2 por colónia no início da experiência, tendo diminuído significativamente para 395,5 cm^2 por colónia e 176,7 cm$^{(2)}$por colónia a 9 e 30 de maio, respetivamente. Na segunda quinzena de junho e na primeira quinzena de julho, as reservas de mel foram quase semelhantes (estatisticamente), com valores de 95,1 e 69,4 cm^2 por colónia.

Quadro 19: Efeito da alimentação suplementar nas reservas de mel em colónias de Apis mellifera no apiário 2

Treatment / Period	Diet 1	Diet 2	Diet 3	Diet 4	Diet 5	Diet 6	Control	MEAN
18th April	676.7 (2.82)*	641.0 (2.80)	658.7 (2.80)	811.0 (2.90)	516.0 (2.70)	674.0 (2.81)	646.7 (2.80)	660.7 (2.80)
9th May	555.3 (2.74)	419.7 (2.62)	384.3 (2.55)	539.7 (2.73)	341.3 (2.51)	309.7 (2.47)	218.7 (2.30)	395.5 (2.56)
30th May	238.7 (2.37)	187.7 (2.23)	150.3 (2.16)	298.7 (2.47)	165.7 (2.19)	128.7 (2.08)	67.3 (1.82)	176.7 (2.19)
20th June	119.7 (2.04)	98.3 (1.98)	116.7 (2.06)	175.3 (2.22)	65.7 (1.76)	73.0 (1.85)	17.7 (0.94)	95.1 (1.84)
11th July	57.0 (1.74)	111.7 (1.97)	127.3 (2.08)	68.7 (1.82)	29.3 (1.47)	92.3 (1.96)	0.0 (0.0)	69.4 (1.58)
1st Aug	14.0 (0.54)	51.0 (1.64)	15.3 (0.88)	15.7 (0.92)	12.0 (0.52)	15.7 (0.89)	8.0 (0.46)	18.8 (0.84)
22nd Aug	131.3 (2.11)	256.7 (2.38)	205.7 (2.24)	170.7 (2.23)	66.7 (1.79)	122.0 (2.06)	44.7 (1.65)	142.6 (2.07)
12th Sept	335.7 (2.52)	634.3 (2.79)	650.0 (2.80)	469.3 (2.67)	128.7 (2.10)	305.7 (2.47)	97.7 (1.99)	374.5 (2.48)
MEAN	266.0 (2.11)	300.1 (2.30)	288.5 (2.20)	318.7 2.24)	165.6 (1.88)	215.2 (2.07)	137.3 (1.49)	

CD$_{0.05}$	T (Treatment)	0.18	
	I (Period)	0.20	
	T X I (Treatment X Period)	0.54	

1 Os valores entre parênteses são valores transformados log+1

As reservas mínimas de mel foram observadas na segunda quinzena de julho, quando a estação era chuvosa (18,8 cm^2 por colónia). Após este período, as reservas de mel começaram a aumentar significativamente e foram registadas com 142,6 e 374,5 cm^2 por colónia em 22nd de agosto e 12th de setembro.

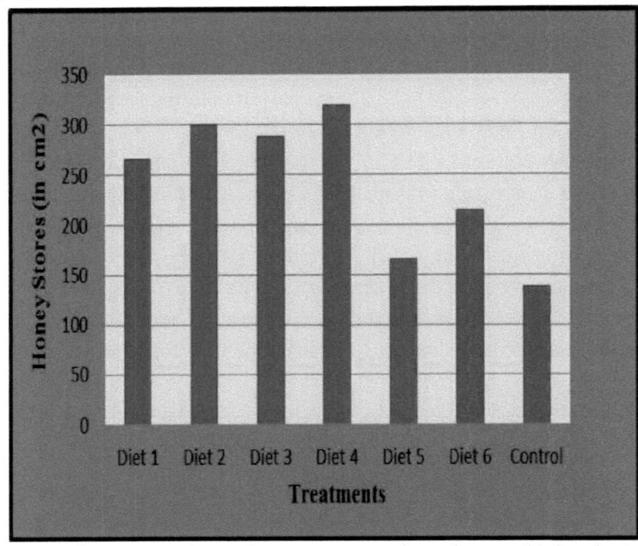

Figura 36: Efeito da alimentação de apoio nas reservas de mel em colónias de Apis mellifera no apiário 2

Todas as colónias experimentais atingiram o pico das suas reservas de mel no início da experiência, sendo os respectivos valores 676,6, 641,9, 658,5, 811,0, 516,0 e 674,0 para as dietas 1, 2, 3, 4, 5 e 6, respetivamente, que diminuíram significativamente para 14,0, 51,0, 15,3, 15,6, 12,0, 15,9 e 8,0 cm^2 por colónia, respetivamente. Depois disso, registou-se um ligeiro aumento nas reservas de mel devido à disponibilidade de recursos florais e, no final da experiência, ou seja, a 12 de setembro, os valores das reservas de mel foram observados como 335,7, 634,3, 650,0, 469,3, 128,7 e 305,7 para as dietas 1, 2, 3, 4, 5 e 6, respetivamente.

4.7) Análise morfométrica de abelhas de diferentes tratamentos

A análise morfométrica das abelhas dos diferentes tratamentos foi efectuada segundo o método descrito no Material e Métodos (3.5.5). Os dados assim obtidos são apresentados nos quadros 20 e 21.

Asa dianteira

O comprimento da asa dianteira foi medido como um dos parâmetros morfométricos no que diz respeito à influência de vários substitutos e suplementos de pólen fornecidos à Apis mellifera.

No apiário 1, os resultados da análise morfométrica da asa anterior revelaram que não havia diferença significativa no comprimento da asa anterior entre as colónias experimentais e de controlo. O comprimento da asa dianteira foi máximo (9,91 mm) nas colónias que receberam a dieta 4, valor não significativo, com valores correspondentes de 9,90, 9,86, 9,85, 9,85 e 9,81 mm nas abelhas alimentadas com as dietas 3, 2, 1, 6 e 5, enquanto o comprimento foi observado como mínimo nas colónias que não foram alimentadas com quaisquer substitutos de pólen e suplementos (9,78 mm).

Da mesma forma, os resultados obtidos para o comprimento da asa dianteira nas abelhas do apiário 2 foram observados e tabulados. O comprimento foi encontrado no máximo (9,37 mm) nas abelhas das colónias alimentadas com a dieta 4, valor estatisticamente igual aos valores 9,34 mm, 9,31, 9,29, 9,28 e 9,27 mm nas abelhas das colónias alimentadas com as dietas 3, 2, 6, 1 e 5, respetivamente, enquanto que o comprimento mínimo da asa dianteira (9,23 mm) foi observado nas colónias de controlo.

Em ambas as colónias, observou-se que o comprimento da asa dianteira era máximo nas abelhas das colónias alimentadas com a dieta 4 (misturada com pólen natural e pó de hidrolisado de proteínas) e o comprimento era mínimo nas colónias não fortificadas com substitutos de pólen e suplementos.

Asa traseira

Os resultados obtidos para a análise morfométrica das asas posteriores das abelhas operárias do apiário 1 mostraram que o comprimento da asa posterior era estatisticamente semelhante entre todas as colónias. Observou-se que o comprimento da asa posterior era máximo (6,87 mm) nas colónias que receberam a dieta 4, seguido de 6,82, 6,82, 6,79 e 6,79 mm nas colónias que receberam as dietas 3, 2, 1, 6 e 5, respetivamente (diferenças não significativas), enquanto que o comprimento da asa posterior era mínimo nas colónias que não receberam qualquer substituto ou suplemento de pólen (6,69 mm).

Tabela 20: Análise morfométrica de diferentes partes de abelhas operárias do apiário 1

Diet Code	Fore wing	Hind wing	Fore leg	Hind leg	Tongue Length	Body length
Diet 1	9.85 (3.13)*	6.72 (2.59)	6.11 (2.47)	9.00 (3.00)	5.95 (2.43)	14.8 (3.85)
Diet 2	9.86 (3.14)	6.79 (2.60)	6.14 (2.47)	9.01 (3.00)	5.95 (2.44)	15.0 (3.87)
Diet 3	9.90 (3.14)	6.79 (2.60)	6.14 (2.47)	9.01 (3.00	5.98 (2.45)	15.0 (3.87)
Diet 4	9.91 (3.14)	6.82 (2.61)	6.16 (2.47)	9.06 (3.01)	5.98 (2.45)	15.1 (3.88)
Diet 5	9.81 (3.13)	6.82 (2.61)	6.11 (2.47)	8.98 (2.98)	5.95 (2.43)	14.7 (3.83)
Diet 6	9.85 (3.13)	6.87 (2.62)	6.13 (2.47)	9.01 (3.00)	5.96 (2.44)	14.7 (3.84)
Control	9.78 (3.12)	6.69 (2.58)	6.10 (2.46)	8.88 (2.97)	5.60 (2.42)	14.7 (3.83)

	SE 0.01 $CD_{0.05}$ 0.02	SE 0.02 $CD_{0.05}$ 0.04	SE 0.01 $CD_{0.05}$ 0.01	SE 0.01 $CD_{0.05}$ 0.03	SE 0.02 $CD_{0.05}$ 0.03	SE 0.03 $CD_{0.05}$ 0.06

1 Os valores entre parênteses são valores transformados em raiz quadrada

Tabela 21: Análise morfométrica de diferentes partes de abelhas operárias do apiário 2

Diet Code	Fore wing	Hind wing	Fore leg	Hind leg	Tongue Length	Body length
Diet 1	9.28 (3.04)*	6.40 (2.53)	6.12 (2.47)	8.66 (2.96)	5.89 (2.42)	14.8 (3.85)
Diet 2	9.31 (3.05)	6.45 (2.53)	6.12 (2.47)	8.77 (3.00)	5.85 (2.42)	15.0 (3.87)
Diet 3	9.34 (3.05)	6.57 (2.56)	6.14 (2.47)	8.82 (2.97)	5.92 (2.43)	15.0 (3.87)
Diet 4	9.37 (3.06)	6.60 (2.57)	6.14 (2.47)	8.90 (2.94)	5.91 (2.43)	15.0 (3.87)
Diet 5	9.27 (3.04)	6.42 (2.53)	6.10 (2.47)	8.67 (2.94)	5.81 (2.41)	14.7 (3.84)
Diet 6	9.29 (3.04)	6.45 (2.53)	6.10 (2.47)	8.70 (2.94)	5.81 (2.41)	14.9 (3.86)
Control	9.23 (3.3)	6.36 (2.52)	6.08 (2.46)	8.46 (2.91)	5.52 (2.34)	14.5 (3.82)
	SE 0.03 $CD_{0.05}$ 0.06	SE 0.01 $CD_{0.05}$ 0.02	SE 0.05 $CD_{0.05}$ 0.12	SE 0.02 $CD_{0.05}$ 0.04	SE 0.02 $CD_{0.05}$ 0.04	SE 0.02 $CD_{0.05}$ 0.04

1 Valores entre parênteses raiz quadrada do valor transformado

Os resultados obtidos no apiário 2 revelaram que o comprimento da asa dianteira foi máximo (6,60 mm), o que foi estatisticamente igual ao comprimento da pata traseira nas abelhas alimentadas com a dieta 3 (6,57 mm), seguido de 6,45, 6,45, 6,42 e 6,40 mm nas colónias alimentadas com as dietas 2, 6, 5 e 1, respetivamente. O comprimento mínimo da pata traseira (6,36 mm) foi registado nas colónias de controlo. O comprimento da pata dianteira e da pata traseira também foi medido como um dos parâmetros morfométricos no que diz respeito à influência de vários substitutos de pólen e suplementos dados a Apis mellifera.

Perna dianteira

Os resultados obtidos para medir o comprimento da pata dianteira nas abelhas do apiário 1 revelaram que não foram observadas diferenças significativas no comprimento da pata dianteira entre todas as colónias experimentais. O comprimento da pata dianteira foi máximo

(6,16 mm) nas abelhas das colónias alimentadas com a dieta 4, seguido de (6,14 mm cada) nas abelhas das colónias alimentadas com as dietas 2 e 3 (valores estatisticamente iguais). O comprimento da pata dianteira das abelhas das colónias alimentadas com a dieta 6, 1 e 5 foi de 6,13, 6,11 e 6,11 mm, respetivamente, e foi registado um mínimo de 6,10 mm nas colónias de controlo.

No apiário 2, o comprimento da pata dianteira das abelhas das colónias alimentadas com a dieta 4 e 3 foi máximo (6,14 mm cada) e calculado como sendo estatisticamente semelhante aos valores 6,12 mm e 6,12 mm das abelhas das colónias alimentadas com a dieta 1 e 2, respetivamente. No entanto, o comprimento da pata dianteira foi registado como 6,10 mm, 6,10 mm e 6,08 mm nas abelhas das colónias alimentadas com a dieta 5, 6 e colónias de controlo, respetivamente.

Perna traseira

O comprimento máximo da pata traseira das abelhas do apiário 1 foi registado nas colónias que receberam a dieta 4 (9,06 mm), o que não foi estatisticamente significativo em relação ao comprimento da pata traseira das abelhas das colónias que receberam as dietas 2, 3, 6 e 1; os valores respectivos foram 9,01, 9,01, 9,01 e 9,00 mm, respetivamente. O comprimento mais baixo da pata traseira (8,88 mm) foi observado nas abelhas das colónias não alimentadas com substitutos e suplementos de pólen.

No apiário 2, o comprimento máximo da pata traseira das abelhas do apiário 2 foi observado nas abelhas das colónias alimentadas com a dieta 4 (8,90 mm), valor estatisticamente igual ao comprimento da pata traseira das abelhas alimentadas com as dietas 3, 2 e 6, ou seja, 8,82, 8,77 e 8,70 mm, respetivamente. O comprimento mínimo da pata traseira (8,46 mm) foi observado nas colónias de controlo, seguido de 8,67 mm e 8,66 mm nas abelhas das colónias alimentadas com a dieta 5 e 1, respetivamente.

Comprimento da língua

O comprimento da língua também foi medido como um dos parâmetros morfométricos no que diz respeito à influência de vários substitutos e suplementos de pólen fornecidos à Apis mellifera. O comprimento da língua foi significativamente maior nas abelhas alimentadas com dietas proteicas em comparação com as colónias não alimentadas.

No apiário 1, os resultados obtidos para o comprimento da língua revelaram que o comprimento da língua foi máximo nas abelhas das colónias que receberam a dieta 3 e a dieta 4 (5,98 mm cada), o que foi igual aos valores correspondentes de 5,96, 5,95, 5,95 e 5,95 mm nas abelhas alimentadas com a dieta 6, 1, 2 e 5, respetivamente. O comprimento mínimo da língua (5,60 mm) foi observado nas colónias não alimentadas com qualquer dieta artificial, o que foi estatisticamente diferente de todas as colónias experimentais.

Resultados quase semelhantes foram obtidos para o comprimento da língua, no apiário 2. O comprimento da língua das abelhas foi significativamente maior nas colónias alimentadas com a dieta 3 (5,92 mm), seguido das dietas 4, 1 e 2; os valores correspondentes foram 5,91, 5,89 e 5,85 mm, respetivamente (estatisticamente iguais). Foram observadas diferenças significativas no comprimento da língua das abelhas alimentadas com as dietas 5 e 6 (5,81 cada), enquanto que o comprimento da língua foi mínimo (5,52 mm) nas colónias de controlo.

Comprimento do corpo

A influência de vários substitutos e suplementos de pólen no comprimento do corpo das abelhas também foi medida. O comprimento máximo do corpo (15,1 mm) foi observado nas abelhas das colónias alimentadas com a dieta 3, que foi estatisticamente semelhante ao das abelhas de todas as colónias experimentais, sendo os respectivos valores 15,0, 15,0, 14,9, 14,8 e 14,7 nas abelhas alimentadas com as dietas 2, 4, 6, 1 e 5, respetivamente. O comprimento do corpo foi mínimo (14,7 mm) nas colónias de controlo.

No apiário 2, o comprimento do corpo das abelhas em todas as colónias, exceto nas que não foram suplementadas com dietas proteicas. Observou-se que o comprimento do corpo foi máximo (15,0 mm) nas abelhas das colónias alimentadas com a dieta 2, 3 e 4, respetivamente (valor estatisticamente semelhante), seguido de 14,9, 14,8 e 14,7 mm nas abelhas que receberam a dieta 6, 1 e 5, respetivamente. O valor obtido para o comprimento do corpo das abelhas nas colónias de controlo foi estatisticamente mais baixo (14,5 mm).

4.8) DESEMPENHO GLOBAL DAS COLÓNIAS

O desempenho geral das colónias foi medido através da comparação de todos os parâmetros analisados, ou seja, a quantidade de criação selada, a postura de ovos, o número de quadros cobertos pelas abelhas, a força das abelhas e as reservas de mel, no final da experiência. Em todas as colónias experimentais, calculou-se que os parâmetros das colónias eram melhores em comparação com as colónias de controlo.

No apiário 1, o aumento percentual da área de criação selada nas colónias que receberam as dietas 1, 2, 3, 4, 5 e 6 foi calculado em 41,6, 54,2, 66,0, 64,3 e 22,8 e 31,6 por cento mais do que nas colónias de controlo, respetivamente. Além disso, a área de postura de ovos também foi calculada como sendo mais elevada nas colónias alimentadas com dietas formuladas. A percentagem de postura de ovos foi de 51,4, 66,2, 76,0, 74,6, 28,8 e 44,9 mais nas colónias alimentadas com as dietas 1, 2, 3, 4, 5 e 6, respetivamente, quando comparadas com as colónias de controlo. Verificou-se que a população de colónias de abelhas era 11,3, 10,9, 15,8, 15,5, 1,3 e 10,3 por cento superior nas colónias alimentadas com as dietas formuladas, em comparação com as colónias de controlo. A quantidade de reservas de mel foi maior nas colónias alimentadas com dietas formuladas, o que significa que as abelhas operárias recolheram mais néctar, o que acabou por resultar numa maior produção de mel. Verificou-se que as reservas de mel eram 50,3, 56,5, 59,7, 54,9, 25,0 e 48,9 por cento mais elevadas nas colónias alimentadas com as dietas 1, 2, 3, 4, 5 e 6, respetivamente, em comparação com as colónias de controlo (Quadro 22).

Quadro 22: Mostra a % de melhoria de vários parâmetros em relação às colónias de controlo no apiário 1

Diet Code	% enhancement over control colonies						
	Egg Laying	Unsealed Brood	Sealed Brood	Bee Population	Bee covered frames	Honey Stores	Overal Enhancement
Diet 1	51.4	37.9	41.6	11.3	9.4	50.3	33.6
Diet 2	66.2	17.5	54.2	10.9	11.1	56.5	36.0

Diet 3	76.0	65.0	66.0	15.8	17.2	59.7	59.9
Diet 4	74.6	53.9	64.3	15.5	12.7	54.9	55.9
Diet 5	28.8	-0.21	22.8	1.3	4.1	25.0	13.6
Diet 6	44.9	31.2	31.6	10.3	5.8	48.9	28.7

No apiário 2, o aumento percentual da área de criação selada nas colónias que receberam as dietas 1, 2, 3, 4, 5 e 6 foi calculado em 32,0, 48,4, 49,8, 54,3, 3,08 e 36,6 por cento mais do que nas colónias de controlo, respetivamente. A área de postura de ovos também foi calculada como sendo mais elevada nas colónias alimentadas com dietas formuladas. A percentagem de postura de ovos foi de 60,7, 57,5, 69,8, 73,5, 8,5 e 43,0 mais nas colónias alimentadas com as dietas 1, 2, 3, 4, 5 e 6, respetivamente, quando comparadas com as colónias de controlo. Verificou-se que a população de colónias de abelhas era 1,5, 0,9, 12,4, 5,8, 1,9 e 2,3 por cento superior nas colónias alimentadas com as dietas formuladas, em comparação com as colónias de controlo. Verificou-se que a quantidade de reservas de mel era maior nas colónias alimentadas com dietas formuladas, o que significa que as abelhas operárias recolhiam mais néctar, o que, em última análise, resultava numa maior produção de mel (quadro 23). Verificou-se que as reservas de mel eram 48,3, 54,2, 52,4, 53,9, 17,0 e 36,1 por cento mais elevadas nas colónias alimentadas com as dietas 1, 2, 3, 4, 5 e 6, respetivamente, em comparação com as colónias de controlo.

Quadro 23: Mostra a % de melhoria de vários parâmetros em relação às colónias de controlo no apiário 2

| Diet Code | % enhancement over control colonies | | | | | | |
	Egg Laying	Unsealed Brood	Sealed Brood	Bee Population	Bee covered frames	Honey Stores	Overall Enhancement
Diet 1	60.7	22.2	32.0	1.5	1.9	48.3	27.7
Diet 2	57.5	63.5	48.4	0.9	3.8	54.2	38.0
Diet 3	69.8	73.6	49.8	12.4	13.7	52.4	45.7
Diet 4	73.5	76.2	54.3	5.8	13.7	53.9	45.2
Diet 5	8.5	-0.30	3.1	1.9	-0.2	17.0	5.0
Diet 6	43.0	31.2	36.6	2.3	1.9	36.1	25.1

O desempenho global para vários parâmetros analisados foi calculado de modo a avaliar o desempenho global das colónias de abelhas. A formulação da dieta que apresenta a percentagem mais elevada pode ser considerada a melhor para alimentar as abelhas durante os períodos de escassez. No apiário 1, a dieta n.º 3 apresentou um valor percentual máximo (59,9), seguido de 55,9, 36,0, 33,6, 28,7 e 13,6 por cento no caso das dietas n.º 4, 2, 1, 6 e 5, respetivamente. No apiário 2, o melhor desempenho foi registado no caso da dieta 3 (45,7), que foi quase semelhante ao desempenho mostrado pela dieta 4 (45,2), seguido por 38,0, 27,7, 25,1 e 5,0 nas dietas 2, 1, 6 e 5, respetivamente.

Uma observação interessante após a experiência foi a "construção de novos favos nas paredes interiores da colmeia", observada nas colónias alimentadas apenas com a dieta 3 (figura 22).

4.9) Prazo de validade das dietas formuladas

O prazo de validade da dieta artificialmente formulada foi analisado após seis meses de formulação. Em março, as dietas formuladas foram embaladas em recipientes herméticos e mantidas no frigorífico. Após seis meses, ou seja, em outubro, as dietas armazenadas foram verificadas com a ajuda de uma lente manual para detetar a presença de qualquer contaminação e crescimento de fungos.

Também o consumo da dieta foi testado alimentando as colónias de Apis mellifera com as dietas durante um período de sete dias em ambos os apiários separadamente. Observouse que as abelhas consumiram a dieta com um interesse quase semelhante ao consumido durante os períodos de escassez. A percentagem de consumo da dieta foi registada e representada no quadro 24, figura 37.

Quadro 24: Consumo das dietas formuladas

Diet Code	% Consumption of diet formulations after storage period of six months				
	Quanti ty Given (in gm)	Initial Consum ption in Apiary 1	Consumpt ion after 6 months	Initial Consumpt ion in Apiary 2	Consumpt ion after 6 months
Diet 1	50	27.3	18.7	28.2	29.3
Diet 2	50	36.7	20.0	40.0	34.0
Diet 3	50	44.3	26.7	56.5	46.3
Diet 4	50	41.7	26.0	42.4	42.0
Diet 5	50	15.6	10.9	19	16.0
Diet 6	50	16.0	14.3	36.5	32.7

No apiário 1, o consumo foi observado na ordem de 3>4>2>1>6>5, que foi quase semelhante ao consumo de dietas dadas às colónias de abelhas durante a triagem preliminar. Tanto a dieta 3 como a 4 foram consumidas quase em quantidades iguais. O consumo da dieta 3 foi

26,7 por cento e o da dieta 4 foi de 26,0 por cento, seguido pelas dietas 2, 1 e 6; os valores respectivos foram 20,0, 18,7, 14,3 por cento, respetivamente. O consumo mínimo de 10,9 por cento foi observado no caso da dieta 5.

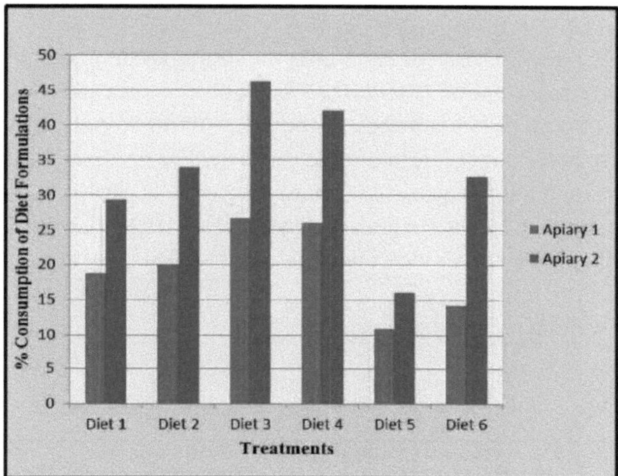

Figura 39: Consumo de dietas formuladas

A única diferença foi observada no consumo das dietas 1 e 6. Durante o rastreio preliminar, a dieta 6 foi consumida em maior quantidade 22,0 por cento em comparação com a dieta 1 (17,3 por cento), enquanto que, durante a análise do prazo de validade, o consumo percentual da dieta 1 foi maior do que o da dieta 6.

No apiário 2, as dietas formuladas após um período de armazenamento de seis meses foram consumidas na ordem de 3>4>2>1>6>5, que foi semelhante à ordem obtida quando as dietas recém-preparadas foram dadas às abelhas durante a triagem preliminar. O consumo máximo foi observado para a dieta 3 (46,3 por cento), seguida pelas dietas 4, 2, 1, 6 e 5; os valores foram 42,0, 34,0, 29,3, 24,7 e 16 por cento. Em ambos os apiários, a dieta 5 foi consumida em menor quantidade em comparação com as outras dietas. No entanto, não foi observada nenhuma rejeição ou expulsão da dieta da colmeia pelas abelhas durante o intervalo de alimentação.

4.10) Análise bioquímica da dieta

A análise bioquímica (análise quantitativa do teor de proteínas, gorduras, hidratos de carbono, pH, cinzas e humidade) de todas as dietas formuladas foi efectuada no Laboratório de Investigação em Entomologia, Escola de Estudos em Zoologia, Universidade de Jiwaji; Gwalior, segundo os métodos descritos em Material e Métodos. A composição de aminoácidos foi analisada por RP-HPLC na Escola de Estudos em Bioquímica, Universidade de Jiwaji, Gwalior. Os resultados da análise bioquímica são apresentados no quadro 25.

4.10.1 Análise quantitativa de proteínas

O método adotado para a estimativa das proteínas foi o de Lowry et al., (1951). A percentagem mais elevada de proteínas foi calculada em (24,21±0,40 por cento) na dieta 4 (tanto o pólen como o pó de hidrolisado de proteínas foram adicionados como suplemento proteico).

A percentagem de proteína na dieta 3, na qual o hidrolisado de proteína foi adicionado para equilibrar a proteína, foi de (22,12±0,19%). A percentagem de proteína na dieta 2 (alga verde azul - Spirulina, foi adicionada como substituto do pólen) foi calculada em (21,68±0,27%). A percentagem de proteínas na dieta 1 e na dieta 6, em que não foi adicionado pólen natural, foi analisada como sendo (16,70±0,40) e (16,60±0,69 por cento), respetivamente. A menor quantidade de proteínas (10,90±0,26%) foi calculada na dieta 5, na qual se utilizou apenas espirulina (63% de proteínas) em combinação com mel (Figura 38).

Tabela 25: Análise bioquímica de vários parâmetros

Sample Type	Parameters Analyzed						
	Energy (kcal/100gm)	*Protein (%age)*	*Carbohydrate (%age)*	*Fat (%age)*	*Ash (%age)*	*Moisture (%age)*	*pH*
Diet 1	310.5±2.17*	16.70±0.40	57.41±1.63	5.66±0.28	3.75±0.21	15.60±1.08	5.4
Diet 2	389.1±1.04	21.68±0.27	61.18±1.72	4.37±0.30	2.93±0.17	11.21±0.59	5.6
Diet 3	323.4±2.20	22.12±0.19	60.15±1.42	4.30±0.14	2.70±0.27	10.92±0.77	6.4
Diet 4	353.5±2.00	24.21±0.22	57.15±1.17	5.63±0.33	2.83±0.36	10.41±0.40	6.1
Diet 5	447.4±4.37	10.90±0.26	69.20±1.79	2.47±0.27	1.67±0.17	18.30±0.49	8.7
Diet 6	352.3±1.07	16.60±0.69	62.84±1.14	6.48±0.38	4.21±0.28	12.20±1.07	5.2

* Os valores apresentados na tabela são Média±SE

4.10.2 Análise quantitativa de hidratos de carbono

Os hidratos de carbono totais foram analisados segundo o método de Dubois et al., (1956). A percentagem de hidratos de carbono variou de 55 a 80% (quadro 20). Embora os hidratos de carbono não desempenhem qualquer papel no desenvolvimento da criação ou dos ovos, mas sejam utilizados como fonte de energia pelas abelhas adultas, tem sido referido que alimentar as colónias de abelhas com uma dieta rica em hidratos de carbono aumenta as reservas de alimento e de mel das colónias de abelhas. A percentagem mais elevada de hidratos de carbono totais (69,20±1,79) foi analisada na dieta 5, na qual foram adicionadas 5,0 partes de mel como adoçante, seguida de (62,84±1,14) e (61,18±1,72) nas dietas 6 e 2, respetivamente. A dieta 4 e a dieta 1 foram analisadas como tendo uma percentagem mínima de hidratos de carbono (57,15±1,17) e (57,41±1,63), respetivamente (Figura 41).

4.10.3 Análise quantitativa da gordura

As abelhas necessitam de lípidos alimentares (ácidos gordos, esteróis e fosfolípidos) na sua dieta como fonte de energia e como componente estrutural essencial de muitas membranas celulares (Lunden, 1954).

Verificou-se que a percentagem de gordura era muito baixa em todas as dietas. A percentagem máxima de gorduras foi calculada (6,48±0,38 por cento) na dieta 6, na qual foi adicionado leite desnatado seco, e a percentagem mínima (2,47±0,27 por cento) foi analisada na dieta 5. Verificou-se que as dietas 1, 2, 3 e 4 tinham (5,66±0,28 por cento), (4,37±0,30 por cento), (4,30±0,14 por cento) e (5,63±0,33 por cento), respetivamente (Figura 42).

4.10.4 Análise quantitativa do teor de cinzas

O teor de cinzas na dieta formulada foi analisado pelo método descrito no material e método. A percentagem de cinzas foi calculada como sendo (3,75±0,21 por cento), (2,93±0,17 por cento), (2,70±0,27 por cento), (2,83±0,36 por cento) e (1,67±0,17 por cento) e (4,2±0,28 por cento) por cento na dieta 1 a 6, respetivamente. No entanto, o teor de cinzas não afecta os parâmetros das colónias de abelhas (Figura 43).

4.10.5 Análise quantitativa do teor de humidade

Foi adicionada água a todas as dietas formuladas. O teor de humidade foi calculado a 105°C. O teor de humidade total foi calculado como sendo (15,60±1,08 por cento), (11,21±0,59 por cento), (10,92±0,77 por cento), (10,41±0,40 por cento), (18,30±0,49 por cento) e (12,20±1,07 por cento) nas dietas 1 a 6, respetivamente (Figura 44).

4.10.6 . Análise do pH

O pH das amostras foi analisado conforme descrito no material e métodos. Observou-se que o pH de todas as amostras variou entre 5,2 e 8,7. O pH máximo (8,7) foi analisado para a dieta 5, seguido de (6,4), (6,19, (5,6), (5,4) para as dietas 3, 4, 2 e 1, respetivamente. O pH mínimo (5,2) foi analisado para a dieta 6 (Figura 45).

4.10.7 Energia total

A energia total nas amostras formuladas foi analisada e calculada com a ajuda de um colorímetro de bomba. A quantidade máxima de energia (447,4 kcal/100gm) foi calculada na dieta 5, ao passo que todas as outras dietas apresentaram uma quantidade de energia quase semelhante, ou seja, (389,1±1,04 kcal/100gm), (353,5±2,00 kcal/100gm), (352,3±1,07 kcal/100gm0, (323,4±2,20 kcal/100gm) nas dietas 2, 4, 6 e 3, respetivamente. A energia total foi calculada como sendo mínima (310,5±2,17 kcal/100gm) na dieta 1 (Figura 46).

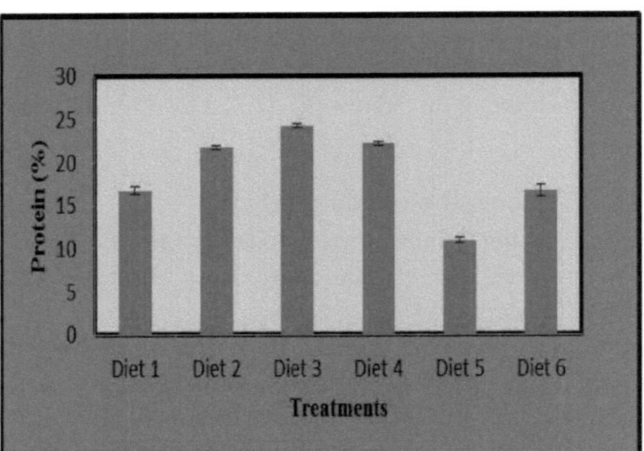

Figura 40: Proteína total nas formulações de dieta

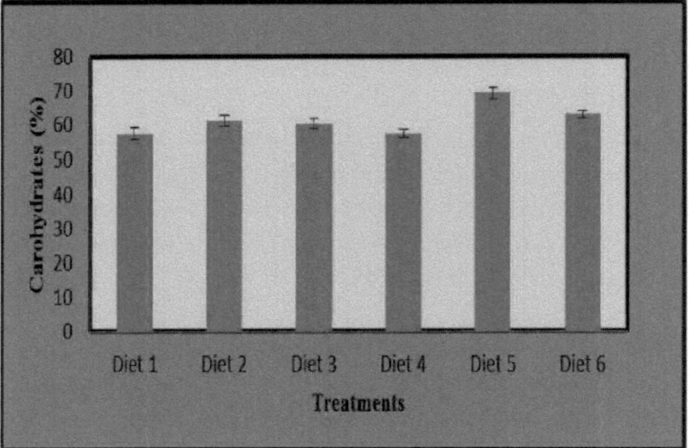

Figura 41: Hidratos de carbono totais nas formulações de dieta

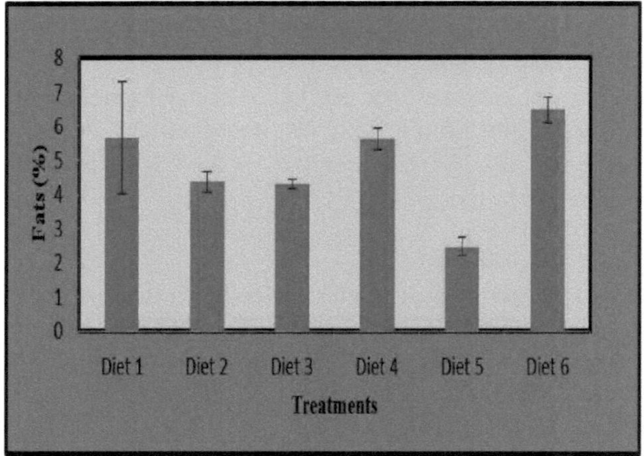

Figura 42: Total de gorduras nas formulações de dietas

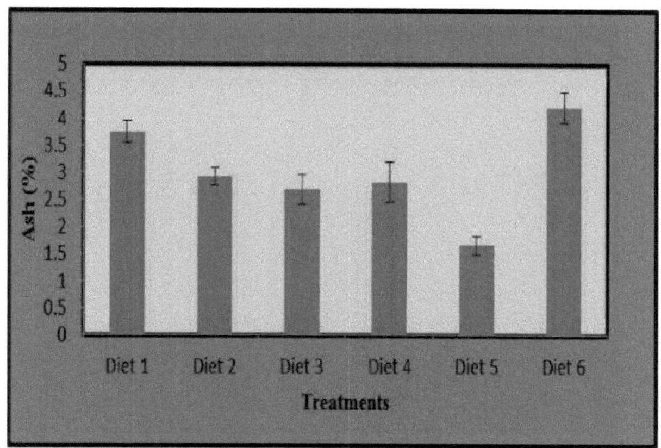

Figura 43: Cinzas totais nas formulações de dietas

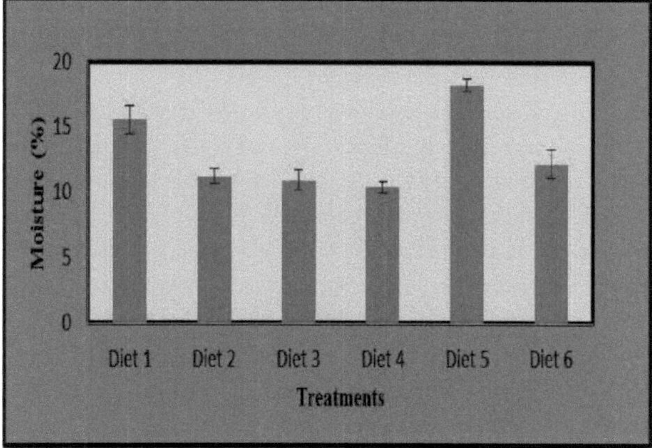

Figura 44: Humidade total nas formulações de dietas

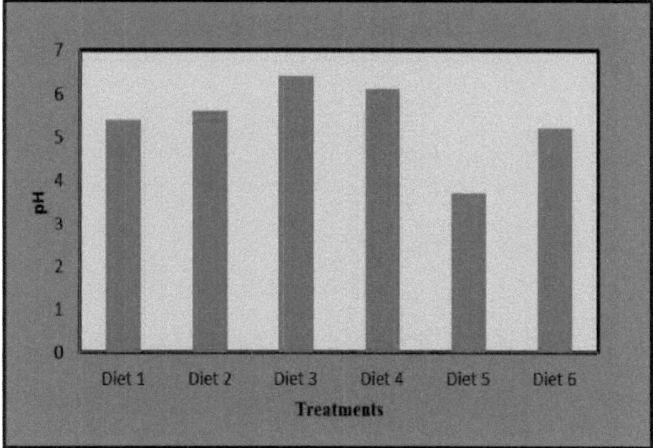

Figura 45: Valores de pH das formulações da dieta

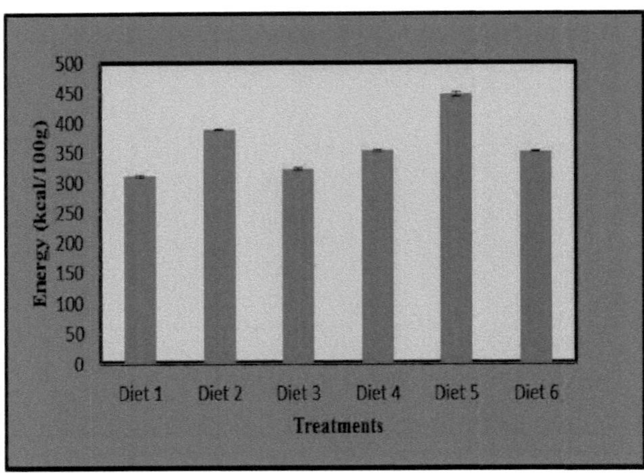

Figura 46: Energia total nas formulações de dietas

4.11) Economia

A análise de custos foi efectuada com base nos preços dos vários ingredientes utilizados para preparar as formulações de dietas artificiais (Apêndice 3). O custo final das diferentes formulações de dieta é apresentado no Quadro 26. A formulação mais barata foi a dieta no. 1 com um custo de Rs. 41.70/kg seguida pela dieta no. 3 (Rs.60.9 /Kg), dieta no. 4 (Rs. 81.5/kg), dieta no. 2 (Rs. 90.3/kg), dieta no. 6 (Rs. 128.6/kg) e a mais cara dieta no. 5 (Rs. 175.2/Kg). A dieta nº 3 provou ser a mais bem sucedida em termos de consumo, bem como de influência em vários parâmetros da colónia. A dieta no. 4 também foi observada como sendo igualmente boa, com um desempenho inferior não significativo. Mas a diferença em termos de custos não é pequena, pelo que só se pode recomendar a dieta nº 3.

Tabela 26: Lista de taxas de várias formulações de dieta

Sr. No.	Feed stuff	Price (Rs/kg)
1	Diet 1	41.70
2	Diet 2	90.3
3	Diet 3	60.9
4	Diet 4	81.5
5	Diet 5	175.2
6	Diet 6	128.6

No final do estudo, pode concluir-se que a dieta n.º 3 é a melhor formulação para alimentação artificial como substituto do pólen para as colónias de abelhas durante o período de escassez. Consiste em farinha de soja desengordurada, levedura de cerveja, hidrolisado de proteína de soja, açúcar e glucose e proporcionou os melhores resultados no que diz respeito à sua composição bioquímica favorável (elevado teor de proteínas e aminoácidos), consumo líquido, influência positiva nos parâmetros das colónias e custo dos factores de produção envolvidos.

CAPÍTULO 5

DISCUSSÃO

A apicultura para a produção de mel é uma prática antiga. No entanto, mais tarde, foi dada muito mais ênfase à apicultura para melhorar a produção agrícola. Mas, ainda assim, a principal expetativa é a produção de mel e não a produção agrícola. Na Índia, a apicultura desenvolveu-se como uma indústria caseira de pequena escala. É praticada principalmente por agricultores marginais, com baixos rendimentos, como subsidiária da agricultura e como trabalho a tempo parcial ou em tempo livre. Em geral, estão satisfeitos com o que obtêm como fonte de rendimento suplementar. Não despendem muito tempo e trabalho para melhorar os seus ganhos. De facto, ainda não compreendem plenamente o seu enorme potencial, uma vez que, para além do rendimento dos produtos apícolas, pode também aumentar o seu rendimento agrícola. Nos últimos anos, a indústria da apicultura tornou-se muito mais popular, bem planeada e organizada e algumas grandes empresas estão a entrar na apicultura e no comércio de mel. Embora a apicultura seja uma atividade simples, fácil, menos dispendiosa, menos trabalhosa e menos morosa, com resultados elevados, que não requer muitos conhecimentos científicos e especializados. No entanto, um interesse profundo e o conhecimento do comportamento das abelhas e das suas necessidades ao longo do ano tornarão a gestão da apicultura altamente rentável. As flores adequadas não estão disponíveis na área do apiário durante todo o ano e as actividades das abelhas abrandam durante este período e o desempenho das colónias torna-se fraco. A gestão das colónias de abelhas é dificultada por condições climatéricas adversas; uma situação que prevalece durante os Invernos nas regiões temperadas e durante os Verões nas regiões tropicais do mundo.

Tal como outros invertebrados, também as abelhas melíferas são animais de sangue frio (poiquilotérmicos); não conseguem regular a temperatura do seu corpo e têm de passar por um período de inativação quando a temperatura atmosférica é intolerável. No entanto, graças à organização social, às adaptações estruturais, fisiológicas e comportamentais e aos alimentos armazenados, conseguem criar uma atmosfera bastante estável (homeotérmica) no interior das colmeias. Durante os períodos desfavoráveis, em especial durante os Invernos, as suas necessidades nutricionais são minimizadas devido às actividades de procura de alimentos muito limitadas e à falta de recursos florais. As suas actividades metabólicas também são reduzidas. Tentam sobreviver à adversidade com a ajuda do mel e do pólen armazenados. A postura de ovos pela rainha e a criação de crias não seladas e seladas prosseguem, mas a sua extensão é regida pela quantidade de alimentos armazenados disponíveis. Da mesma forma, o fenómeno da criação de zangões é raro durante o período de escassez. Em caso de grande escassez de alimentos armazenados, as abelhas operárias podem mesmo deixar de se ocupar da criação não selada e/ou podem mesmo expulsar os estádios imaturos das colmeias. Em suma, as abelhas lutam pela sua existência, tentam manter uma população suficiente de operárias de todos os grupos etários para que possam voltar a estar activas quando chegarem as condições hostis, quando a flora apícola estiver novamente disponível e elas puderem tirar o máximo partido dela. Para que a apicultura seja bem sucedida, é necessário conhecer os problemas das abelhas e ser capaz de os resolver o mais rapidamente possível.

Os problemas da influência deletéria das condições climatéricas adversas e da indisponibilidade de flora apícola durante todo o ano, numa determinada localidade, foram percebidos por trabalhadores anteriores e o conceito de migração foi desenvolvido para resolver este problema. Mas, mais uma vez, a migração em si não é uma tarefa fácil, envolve muitas despesas, mão de obra e não está isenta de riscos. Estima-se que, mesmo seguindo o conceito de apicultura migratória, cerca de 40% das colónias morrem anualmente durante o período de escassez. Num estudo preliminar, verificou-se que a migração a curta distância para explorações hortícolas e pomares e o fornecimento periódico de açúcar e de alimentação de substituição do pólen podem reduzir as perdas das colónias de abelhas e os custos dos factores de produção (Agrawal et al., observações não publicadas). Além disso, estas migrações de curta distância podem ser frequentes, uma vez que não implicam montantes mais elevados. No entanto, são necessários mais trabalhos de investigação para confirmar e estabelecer este conceito.

Uma estratégia alternativa de migração é a alimentação artificial (substitutos do néctar e do pólen) das colónias de abelhas, de modo a que a postura de ovos, a criação de crias e algumas actividades de forrageamento continuem, que se mantenha uma população de abelhas suficiente e que se possa tirar partido da rica flora apícola que se avizinha. Na Índia, a maior parte dos apicultores não fornece qualquer alimento externo às colónias de abelhas ou utiliza apenas xarope de açúcar. No entanto, os apicultores sublinham frequentemente que o fornecimento de um suplemento ou de um substituto do pólen será útil para salvar as colónias mais fracas e manter uma população de abelhas suficiente para tirar partido dos benefícios do futuro período sem terra. Mas a prática da alimentação com fontes de proteínas não é seguida devido a várias razões, como a falta de conhecimento, a indisponibilidade de fórmulas comerciais prontas, a falta de recomendações explícitas, recomendações confusas, o elevado custo dos ingredientes recomendados, etc.

Vários trabalhadores tentaram fornecer alimentos formulados às colónias de abelhas durante o período de escassez, de modo a resolver os problemas de escassez de alimentos e a obter melhores resultados.

Haydak (Haydak, 1933, 1936, 1937, 1939, 1940, 1945, 1959, 1967, 1970) é o pioneiro. Realizou um trabalho volumoso, extenso, meticuloso e muito útil no domínio dos suplementos e substitutos do pólen para a apicultura. Muitos outros trabalhadores em todo o mundo inspiraram-se no seu trabalho e fizeram alguns trabalhos sobre uma variedade de fontes de proteínas como alimento para as abelhas. Uma formulação de substituto de pólen desenvolvida por Haydak (1967) parece ser a mais eficaz e amplamente aceite. Mais tarde, alguns outros trabalhadores tentaram modificar esta formulação ou compararam novas formulações com esta formulação.

A maioria dos apicultores ou cientistas apícolas que trabalham com alimentação artificial prestaram atenção aos seguintes pontos: composição nutricional do mel e do pólen, alimentos naturais das abelhas, necessidades nutricionais das abelhas, formulação de suplementos e substitutos do mel e do pólen, aceitabilidade, atração, palatabilidade, digestibilidade e acessibilidade dos suplementos e substitutos do mel e do pólen, métodos de fornecimento de alimentos às colónias de abelhas, etc. Como substituto dos hidratos de carbono (mel), o mel propriamente dito é o melhor, seguido do açúcar e da glucose. Do mesmo modo, no que respeita ao substituto proteico (pólen), o próprio pólen deve ser o melhor. Mas não é assim devido a razões como o curto prazo de validade e a deterioração da percentagem de proteínas, etc.

5.1 Avaliação do período de escassez

Uma boa gestão apícola exige um conhecimento completo da flora apícola disponível durante todo o ano (calendário floral) numa determinada zona (apiário). O(s) período(s) em que há abundância de néctar e pólen nas proximidades é(são) conhecido(s) como período de fluxo de mel ou estação do ano, e o período em que a flora apícola é muito pobre é designado por período de escassez. A gestão bem sucedida das colónias de abelhas durante o período de escassez é muito difícil e cerca de 40 % das colónias são extintas durante este período todos os anos. Para salvar as colónias, procede-se à migração das colónias, o que também requer muito tempo, trabalho e dinheiro, e mesmo assim o sucesso não é garantido.

A outra forma de conhecer o período de escassez, em que as colónias de abelhas necessitariam de um suplemento ou substituto nutricional, é o estudo dos parâmetros da colónia.

No presente estudo, foi feita uma observação preliminar em colónias de controlo no apiário de Panckula, durante 2008, tendo em consideração um certo número de parâmetros da colónia (área de postura de ovos, áreas de criação não seladas e seladas, áreas de armazenamento de mel e pólen). início da experiência (abril), observou-se que os valores de todos os parâmetros da colónia estavam no seu máximo, nomeadamente a área de postura de ovos (972,3 cm^2 por colónia), a área de criação não selada (714,3 cm^2 por colónia), a área de criação selada (1230,7 cm^2 por colónia), a área de armazenagem de mel (872,0 cm^2 por colónia) e a área de armazenagem de pólen (417,0 cm^2 por colónia). Depois disso, os valores diminuíram drasticamente para um nível mínimo de cerca de metade nos meses seguintes. A partir de julho, com os primeiros aguaceiros da monção, as plantas com flor começaram a reaparecer e pouca flora ficou disponível para as abelhas. Observou-se uma mudança gradual em todos os parâmetros da colónia e os valores notados foram a área de postura de ovos (154,0 cm^2 por colónia), a área de criação não selada (137,7 cm^2 por colónia), a área de criação selada (156,7 cm^2 por colónia), a área de armazenamento de mel (246,0 cm^2 por colónia) e a área de armazenamento de pólen (102,0 cm^2 por colónia) durante o mês de setembro.

Este estudo sobre colónias de controlo foi de importância primordial para o cálculo da quantidade de substituto de pólen a fornecer às colónias de abelhas durante os diferentes intervalos de tempo do período de escassez. Concluiu-se que, durante o início do período de escassez e nos períodos de recuperação, apenas pequenas quantidades de alimento artificial podem ser suficientes para sustentar as colónias. A alimentação pesada só é necessária de maio a julho, quando o período de escassez é severo. As inferências retiradas deste estudo são comparáveis às de Mishra (1995), que relatou a escassez da flora apícola de maio a setembro e enfatizou a necessidade de alimentar as colónias de abelhas com dietas artificiais durante este período para reforçar as suas reservas. Concluiu-se também que os parâmetros das colónias (postura de ovos, criação não selada e selada) começam a melhorar com os primeiros aguaceiros da monção (a partir de julho). As observações estavam de acordo com as de Singh

(1943); Thakar e Shende (1962) e Shah e Shah (1976), que relataram um aumento na taxa de postura de ovos pela abelha rainha e de criação de crias com o primeiro rendimento de pólen após o período de escassez.

As observações preliminares em Gwalior revelaram que as condições eram mais ou menos as mesmas, exceto pequenas variações: o período de escassez começa um pouco mais cedo, a atmosfera em Panchkula é mais adequada para a apicultura estacionária devido a uma melhor flora apícola do que em Gwalior.

5.2 Recolha de pólen

Durante os períodos sem terra (outubro a março) de dois anos consecutivos 2008-09 e 2009-10, foi recolhido pólen natural de colónias moderadamente fortes de A. mellifera utilizando armadilhas de madeira para pólen em Panchkula. Este pólen recolhido pelas abelhas foi mais tarde utilizado para formular formulações de suplementos alimentares à base de pólen. Observou-se que não houve qualquer diferença significativa na quantidade de pólen recolhido pelas abelhas durante os dois anos. A quantidade máxima de pólen foi recolhida no mês de fevereiro (939,5 gm por colónia) durante 2008-09 e em março (871,8 gm/colónia) durante 2009-10. Foi a estação em que houve abundância de fontes florais (forte fluxo de pólen das culturas de mostarda, vegetais e frutas, etc.). Durante esta estação, as abelhas estavam mais activas e a sua taxa de forrageamento era elevada devido às condições meteorológicas favoráveis, bem como à abundância de recursos florais.

5.3 Seleção de dietas proteicas

O néctar (precursor do mel), o mel e o pólen são ingredientes alimentares essenciais para a colónia de abelhas. A carência de um deles influencia significativamente a disponibilidade dos outros na colónia. Por exemplo, se a colmeia não dispuser de néctar ou de mel em quantidade suficiente, as actividades das abelhas forrageiras serão dificultadas e estas não poderão sair para recolher e trazer os grãos de pólen das flores, pelo que a reserva de pólen na colmeia também se esgotará. O resultado será, sem dúvida, uma redução da força da colónia (população de abelhas), da postura de ovos e da criação de crias. Se as abelhas forrageiras consumirem pão de abelha (pólen) em vez de mel, produzirão mais geleia real, tornar-se-ão letárgicas e passarão a maior parte do tempo dentro da colmeia. Durante o período de défice ou de escassez, quando não há néctar floral suficiente, as abelhas operárias podem ser observadas na procura e recolha de recursos doces não florais, tais como centros de sumo, lojas de fruta e doces, exsudados de plantas, etc. Os apicultores alimentam geralmente as suas colónias de abelhas com xarope de açúcar. Este pode satisfazer parcialmente as suas necessidades em hidratos de carbono. Mas as fontes não florais de proteínas não estão disponíveis na natureza e as abelhas não aceitam facilmente o suplemento/substituto de pólen que lhes é oferecido, apesar da elevada concentração de proteínas. Por conseguinte, há uma necessidade urgente de procurar e desenvolver um suplemento ou substituto de pólen adequado que seja facilmente aceite pelas colónias de abelhas durante os períodos de escassez.

No presente estudo, foram preparadas e testadas 20 formulações de suplementos e substitutos de pólen em colónias de abelhas melíferas durante o período de pré-seca. Destas, seis, que mostraram o seu melhor desempenho, foram selecionadas para investigações pormenorizadas durante o período de escassez, análises bioquímicas e cálculos económicos. Nas formulações foram utilizados os seguintes ingredientes ricos em proteínas: farinha de soja desengordurada (DSF), grama seca (PG), levedura de cerveja (BY), leite em pó desnatado (SMP), hidrolisado de proteína de soja (SPH), spirulina (SP) e pólen (P). O açúcar (S), a glucose (G) e o mel (H) foram utilizados como edulcorantes. Dois novos ingredientes, nomeadamente o hidrolisado de proteína de soja e a spirulina, foram incluídos pela primeira vez nas formulações de alimentos para abelhas. Verificou-se que a percentagem de proteínas de todas as formulações da dieta se situava entre 10 e 25 por cento.

Ao preparar as formulações das dietas, foram tidas em conta as necessidades nutricionais das abelhas. A farinha de soja desengordurada foi incorporada na maioria das formulações, pois foi relatado que, quando oferecida às abelhas, sozinha ou em combinação com grama ressequida, leite desnatado ou levedura de cerveja, melhorou significativamente a criação de crias e a produção de mel (Haydak, 1937; Haydak, 1940; Haydak & Tanquary, 1944; Haydak, 1949; Morse e Laigo, 1968; e Erickson e Herbert, 1980). A grama seca também foi usada em algumas formulações para equilibrar a proteína, pois os efeitos positivos da alimentação com grama seca no número de quadros cobertos de abelhas foram relatados por Abbas et al. (1995). A levedura de cerveja também efeitos positivos nas colónias de abelhas (Haydak, 1945; Herbert, 1975; Chhuneja, 1993a, b). O leite em pó desnatado também foi usado em algumas formulações, pois foi relatado anteriormente que o leite em pó desnatado, quando misturado com outros ingredientes, mostra resultados positivos para a criação de crias e força das abelhas (Haydak, 1967; Alexandru et al., 1977). A percentagem de proteína foi manipulada entre 10 e 25 por cento, uma vez que há relatos de que uma elevada percentagem de conteúdo proteico na dieta formulada pode levar à toxicidade proteica nas abelhas melíferas e um baixo conteúdo proteico leva à paragem da postura de ovos e da atividade de criação (Herbert et al., 1977). Os constituintes como o pó de hidrolisado de proteínas (à base de soja) e a spirulina (algas verdes azuis), com elevada percentagem de proteínas, foram utilizados em algumas das formulações da dieta. O pó de hidrolisado de proteína de soja (65 % de proteína) utilizado durante o estudo mostrou efeitos positivos nas colónias de abelhas. Vários estudos realizados em seres humanos (atletas e desportistas) demonstraram que os hidrolisados proteicos que contêm principalmente di e tripeptídeos são absorvidos mais rapidamente do que os aminoácidos livres e muito mais rapidamente do que as proteínas intactas (Di Pasquale, 1997; Manninen, 2004). A proteína presente era facilmente digerível porque era do tipo hidrolisado, ou seja, parcialmente digerida ou já decomposta em formas simples (Manninen, 2002). A utilização de pó de hidrolisado de proteína à base de soja na formulação da dieta foi efectuada pela primeira vez durante o curso do estudo. A espirulina, alga verde azul, com quase 65% de proteína, também foi usada em algumas formulações, ou seja, na dieta 2 e na dieta 5. Para além da elevada percentagem de proteínas, tem um perfil rico em nutrientes que a torna útil para o crescimento e desenvolvimento. Outros constituintes da spirulina são hidratos de carbono (18 %), gorduras (5 %), minerais (9 %), betacaroteno, vitamina C e E, B1, B6, B12, Zinco, Manganês, Cobre, etc. (Teitze, 2004; Henikson, 2009). Observou-se que a dieta misturada com uma pequena quantidade de spirulina juntamente com outros ingredientes foi consumida com grande interesse pelas abelhas, independentemente da sua cor verde e do seu cheiro peculiar.

A maior parte dos substitutos e suplementos de pólen não possuem substâncias químicas atractivas que se encontram no pólen e, por vezes, é difícil induzir as abelhas a recolher estes substitutos em quantidades suficientes. Para aumentar a palatabilidade das formulações da dieta, foram experimentados 36 óleos essenciais e compostos sintéticos produzidos comercialmente ou mesmo rum escuro (Waller et al., 1970; Sharma e Gupta, 2006). Nos estudos actuais, também se adicionou mel às formulações da dieta e observou-se que, em ambos os apiários, o consumo de todas as formulações da dieta aumentou significativamente após a adição de mel.

Tendo em conta a observação de Haydak (1967), Taber (1973) e Doull (1974), que referem que a atração pelo pólen na colmeia diminui à medida que a distância da zona de criação aumenta e que a resposta desaparece praticamente a uma distância superior a 5 cm, considerou-se útil colocar os grãos de pólen nas barras superiores, perto da criação, para um melhor consumo.

5.4 Consumo das dietas formuladas

O desempenho das colónias de abelhas melíferas depende de vários factores, incluindo a quantidade de reservas de mel e pólen a utilizar como recurso alimentar durante os períodos de escassez e de carência, quando as condições climáticas são demasiado adversas para a procura de alimento e/ou a disponibilidade de flora apícola natural nas proximidades é demasiado pobre. Durante esses períodos, as colónias de abelhas devem ser migradas para uma área rica em flora apícola ou devem ser apoiadas com substitutos/suplementos de açúcar ou pólen. No decurso dos estudos, foram formuladas dietas artificiais tendo em conta a atração e a palatabilidade da dieta para as abelhas, bem como as necessidades nutricionais das abelhas melíferas (Baumont, 1995; Gheradi e Black, 1995; Provenga, 1995; Burgess et al., 1996; Angkanaporn et al., 1997; Nandi et al., 1999; Wilson et al., 2005).

O estudo detalhado sobre o consumo foi realizado durante os períodos de escassez, ou seja, de abril a setembro, em Panchkula (apiário 1) e Gwalior (apiário 2). O consumo máximo de formulações de dieta foi observado no caso da dieta nº 3, ou seja, 65,44 gm/colónia e 65,77 gm/colónia nos apiários 1 e 2, respetivamente. Os resultados obtidos estão de acordo com os de Saffari et al. (2004); Mattila e Otis, (2006a) e DeGrandi-Hoffman et al. (2008) que relataram que, em alguns casos, os suplementos proteicos foram consumidos em taxas mais elevadas do que o suplemento de pólen / pólen.

A dieta nº 4 foi a próxima em consumo com um consumo líquido de 54,21 e 58,98 gm/colónia nos apiários 1 e 2, respetivamente. Esta observação é corroborada pelas observações de Wahl (1963), Forster (1966, 1968a, b), Stranger e Grip (1972), Alexandru et al. (1977), Erickson e Herbert (1980), Silva (1985), Farooqui (1986) e Sihag et al. (2011) que relataram que uma dieta fortificada com pólen natural (suplemento de pólen) é consumida em maior quantidade em comparação com a dieta não adicionada com qualquer pólen natural.

Embora o consumo da dieta nº 2 e 6 também tenha sido satisfatório em ambos os apiários, os resultados obtidos com relação a essas duas formulações foram menores devido à menor porcentagem de proteína. Em ambos os apiários, o consumo da dieta n° 5 foi mínimo, ou seja, 23,5 e 23,8 gm/colónia/14 dias. Isto pode dever-se ao odor e sabor acrimonioso da spirulina. No entanto, a duração do período de escassez variou entre os dois apiários. No apiário 1, havia alguma flora disponível no mês de abril, pelo que o consumo de várias dietas foi menor durante este período. A escassez de pólen foi total no mês de junho, o que levou a um maior consumo de rações. Alguma flora natural reapareceu no mês de agosto, o que influenciou novamente o consumo das rações dadas às abelhas. No entanto, o período de escassez no segundo apiário foi um pouco mais longo, pois começou em abril e prolongou-se até setembro. Esta observação é comparável à de Standifer et al. (1973) e Doull, (1980) que registaram um maior consumo de dietas artificiais durante os períodos de escassez mais severos.

Uma possível razão para o melhor consumo de várias formulações de dieta pode ser o pH das dietas formuladas. O valor do pH das dietas 3 e 4 foi registado como sendo 6,4 e 6,1 respetivamente, o que levou a um maior consumo destas dietas pelas abelhas em comparação com as outras dietas. Os resultados estão de acordo com as conclusões de Herbert e Shimanuki (1983a), que referiram que os substitutos do pólen com pH de 6,6 e 5,5 eram mais consumidos pelas abelhas do que os de pH inferior a 4,1 ou superior a 8,0.

Não há dúvida de que o pólen ou o suplemento de pólen é a melhor fonte de proteínas para a alimentação artificial das colónias de abelhas. Vários autores relataram que a dieta fortificada com pólen natural (suplemento de pólen) é consumida em maior quantidade em comparação com uma dieta sem pólen natural (Wahl, 1963; Forster, 1966, 1968 a, b; Stranger e Grip, 1972; Alexandru et al., 1977; Erickson e Herbert, 1980; Silva, 1985; Farooqui, 1986; Sihag et al., 2011; Chhuneja et al., 1992 e Singh, 2008). Por outro lado, vários trabalhadores referiram que os substitutos proteicos eram consumidos a taxas mais elevadas do que os suplementos de pólen e pólen (Saffari et al., 2004; Mattila e Otis, 2006a; DeGrandi-Hoffman et al., 2008).

Os resultados sobre os parâmetros das colónias, tal como observados na maioria dos estudos, estavam de acordo com o grau de consumo da dieta. A maioria dos autores que obtiveram melhores resultados com os suplementos de pólen do que com os substitutos, utilizaram pólen fresco nos seus estudos. A composição dos nutrientes varia muito em função da sua origem, do tempo de armazenamento, das condições de armazenamento e de outros factores. Os resultados contraditórios sobre os suplementos e os substitutos de pólen podem dever-se principalmente a duas razões: (1)

A qualidade e a composição nutritiva do pólen utilizado em todos os estudos não eram semelhantes e (2) A influência da fonte de proteínas é melhorada em combinação com outros ingredientes. Por exemplo, Hagedorm e Moeller, 1968; Crailsheim et al., 1992; Pernal e Curie, 2000 referiram que o pólen fresco/suplemento era melhor do que outras dietas proteicas. Mas alguns autores referiram que a soja + levedura ou a soja + levedura + PMS eram melhores do que o suplemento de pólen. As presentes conclusões estão de acordo com os trabalhadores (Haydak, 1967; Saffari et al., 2004, 2010; Mattila e Otis, 2006a; e DeGrandi-Hoffman et al., 2008) que referiram que algumas fontes de proteínas em combinação com outros ingredientes de formulações de dietas apresentam melhores resultados do que as formulações de suplementos de pólen

No mês de junho, registou-se uma observação interessante em algumas colónias que receberam a dieta n.º 3, em que as abelhas chegaram a consumir o papel manteiga utilizado para embrulhar os hambúrgueres. Mais tarde, foram observados pedaços muito pequenos de papel manteiga no fundo da colmeia. Presumiu-se que as abelhas, depois de apanharem o papel manteiga juntamente com a dieta, deitaram fora os restos de forragem no fundo da colmeia. A razão para este facto pode ser a maior aceitabilidade da dieta pelas abelhas.

5.3 Efeito da alimentação de apoio nos parâmetros da colónia

O desenvolvimento da colónia e uma melhor produção de mel dependem em grande parte da rápida recuperação de vários parâmetros da colónia, pelo que é importante observar o efeito das formulações da dieta alimentar na postura de ovos, criação não selada, criação selada, população de abelhas, número de quadros cobertos por abelhas, criação de zangões e reservas de mel.

5.3.1 Colocação de ovos

A superioridade da dieta só pode ser considerada se ajudar a manter a taxa de postura de ovos na ausência total de pólen natural. Verificou-se que a alimentação das colónias de abelhas com pólen e uma dieta rica em proteínas (substitutos e suplementos de pólen) promove o desenvolvimento dos ovários e dos ovos (Parker, 1926; Wheeler, 1996; Lin e Winston, 1998; Pernal e Currie, 2000; Hoover et al., 2006; Schafer et al., 2006; Dietemann et al., 2007).

Os resultados do presente estudo também revelaram que a taxa de postura de ovos foi mais elevada em todas as colónias experimentais alimentadas com vários substitutos e suplementos de pólen, em comparação com as colónias de controlo, mas as colónias alimentadas com as dietas 3 e 4 promoveram a postura de ovos ao máximo. No apiário 1, a área máxima de postura de ovos foi de 2246,0 cm^2 por colónia nas colónias alimentadas com a dieta 3, o que foi, estatisticamente, igual às colónias alimentadas com a dieta 4; o valor foi de 2121,3 cm^2 por colónia. No apiário 2, a área máxima de postura de ovos foi observada nas colónias alimentadas com as dietas 3 e 4, com valores de 9138,6 e 8501,6 cm^2 por colónia. Todas as outras colónias experimentais também mostraram uma melhor postura de ovos. Pode concluir-se dos resultados que uma dieta artificial rica em proteínas promoveu a postura de ovos nas colónias de abelhas.

A área de postura de ovos em todas as colónias experimentais diminuiu até ao mês de junho e depois começou a aumentar gradualmente. A razão possível pode ser o reaparecimento da flora natural na região.

Os resultados obtidos estão de acordo com as observações de Wheeler (1996), Standifer et al. (1978), Hays (1984), Saffari et al. (2010), que referiram que as colónias alimentadas com pólen e várias dietas suplementares têm um efeito positivo na postura de ovos devido ao melhor desenvolvimento das glândulas hipofaríngeas nas abelhas amas que, em última análise, sintetizam e libertam uma boa quantidade de geleia real e contribuem para a produção de ovos pela rainha adulta.

5.3.2 Criação de ninhadas

Verificou-se que a alimentação das abelhas com xarope de açúcar e dietas proteicas melhora a criação de crias nas colónias de abelhas (Haydak, 1936, 1937, 1940, 1945; Haydak & Tanquary, 1942; Wahl, 1963; Herbert et al, 1975, 1977; Alexandru et al., 1977; Steve, 1981; Lehner, 1983; Peng et al., 1984; Farooqui, 1986; Cauto et al., 1989; Chhuneja et al., 1993a, b, Nabors, 2000, Saffari et al., 2006, 2010). Os resultados do presente estudo revelaram que as colónias alimentadas com a dieta n.º 3 (24,21 % de proteína) produziram significativamente mais criação não selada (889,7 cm^2 por colónia) e criação selada (2155,3 cm^2 por colónia), seguidas da dieta n.º 4 com 22,12 % de proteína, na qual a área de criação não selada e selada foi de 675,8 cm^2 por colónia e 2053,0 cm^2 por colónia, respetivamente.

No apiário 2, foram registados valores máximos de criação não selada e selada de 640,3 cm^2 por colónia e de 723,4 cm^2 por colónia nas colónias que receberam a dieta 4, seguidas da dieta nº 3. As colónias que receberam a dieta n.º 2 (21,68% de proteína) também melhoraram a criação de criação até certo ponto. A alimentação com a dieta n.º 5 não teve qualquer efeito significativo na criação. A razão para isso pode ser o nível ótimo de proteína nas dietas n.º 3 e 4. Os resultados obtidos foram endossados com as observações de Herbert (1992), que relatou que 20-23% de proteína é ideal para as abelhas criarem criação. Uma outra razão possível para este facto pode ser o melhor consumo destas dietas que, em última análise, influenciou o desenvolvimento e a atividade das glândulas hipofaríngeas das abelhas responsáveis pela secreção da geleia real necessária para a criação de criação. Já foi referido anteriormente que a alimentação com substitutos e suplementos de pólen tem efeitos positivos na criação de criação (Wahl, 1963; Stranger e Grip, 1972; Alexandru et al, 1977; Erickson e Herbert, 1980; Silva, 1985; Farooqui, 1986; Chhuneja et al. 1993a; Nabors, 2000; Kalev et al., 2002; Kencharaddi et al., 2003; Castangnino et al., 2004; DeGrandi- Hoffman et al., 2008; Saffari et al., 2010a; Sihag e Gupta, 2011).

Em suma, os resultados do presente estudo mostraram que as colónias alimentadas com os substitutos e suplementos de pólen criaram significativamente mais crias do que as colónias de controlo,

5.3.3 População de abelhas

As colónias necessitam de um grande número de abelhas forrageiras para tirar o máximo partido do período de escassez de mel. Verificou-se que a alimentação das abelhas com substitutos e suplementos de néctar e pólen durante o período de escassez em geral aumenta a população das colónias de abelhas (Alexandru et al., 1977; Peng et al., 1984; Chhuneja et al., 1993a; Nabors, 2000; Hussein et al., 2000; Sharma, 2002; Saffari et al., 2006; Akyol et al., 2006; DeGrandi- Hoffman et al., 2008).

Nos presentes estudos, as colónias que receberam a dieta n.º 3 (11509,1 abelhas por colónia) e 4 (11469,2 abelhas por colónia) tiveram uma população de abelhas significativamente mais elevada no apiário 1 do que as outras colónias alimentadas e não alimentadas. Resultados quase semelhantes foram obtidos quando a experiência foi realizada no apiário 2 (9138,6 e 8501,6 abelhas por colónia) nas colónias alimentadas com a dieta 3 e 4, respetivamente. A possível razão por detrás disto pode ser o melhor consumo da dieta fornecida às respectivas colónias.

A população de abelhas nas colónias que receberam as dietas 1, 2 e 6 também aumentou até certo ponto em ambos os apiários. No entanto, a alimentação com a dieta 5 não teve um efeito significativo na população de abelhas. A percentagem de proteínas na dieta 5 era muito baixa (10 %), o que pode não ter apoiado a criação de abelhas, o que acabou por afetar a população de abelhas.

As inferências das presentes investigações de que a população de abelhas aumenta com a suplementação das colónias com substituto de pólen estão de acordo com as observações de Stranger e Grip (1972) e Peng et al. (1984), Chhuneja et al. (1993a); Ethem Akyol 2006 e Saffari et al. (2010) que relataram que as colónias alimentadas com patês de proteína tinham uma população de abelhas adultas significativamente maior do que as colónias de controlo não alimentadas. Concluiu-se no final do estudo que, para atingir a população máxima de abelhas nas colónias no período de fluxo de mel, a dieta fornecida às abelhas deve ser de boa qualidade, palatável e satisfazer todas as necessidades nutricionais das abelhas.

5.3.4 Número total de quadros cobertos por abelhas

O número de quadros cobertos pelas abelhas também foi afetado pela alimentação das colónias de abelhas com uma dieta artificial rica em proteínas (Akyol e Kaftanoglu, 2001; Guler, 1999 e Kurnova, 2000). Os resultados obtidos durante o presente estudo revelaram que, no apiário 1, as colónias alimentadas com a dieta 3 tinham o número máximo de quadros cobertos por abelhas 5,8; valor estatisticamente igual, com 5,5 quadros nas colónias alimentadas com a dieta 4. Enquanto que, no apiário 2, as colónias alimentadas com a dieta 3 e 4 tinham quase o mesmo número (5,8 cada) de quadros cobertos pelas abelhas. No entanto, o menor número de quadros foi observado nas colónias que não receberam qualquer dieta artificial. Os resultados obtidos estão de acordo com as descobertas de Abbas, et al. (1995); Guler (1999); Kunova (2000) que relataram um aumento no número de quadros cobertos por abelhas nas colónias de abelhas alimentadas com dieta de grama preta e farinha de soja.

Além disso, durante a experiência, observou-se que o número de quadros cobertos pelas abelhas diminuiu em todas as colónias experimentais mês de junho, quando houve uma escassez total de pólen. Esta observação estava de acordo com a de Dogaroglu et al. (2000), que referiram que o número médio de quadros cobertos pelas abelhas diminuía na época de escassez de pólen.

5.3.5 Lojas de mel

Verificou-se que a alimentação suplementar com açúcar e pólen aumenta as reservas de mel das colónias de abelhas (Sheeley e Poduska, 1968; Zherebkin e Martynov, 1977; Hussein, 1979a; Shah e Shah, 1979; Hussein 1981a; Hussein 1981b; Musa et al., 1989; Shoreit et al., 1993; Olsson, 1995; Mladenovic, 1999; Hussein et al., 2000).

Durante a presente investigação, observou-se que a quantidade de mel diminuiu durante o período de escassez severa e, mais tarde, observou-se um aumento significativo na quantidade de mel armazenado em todas as colónias experimentais. Os resultados revelaram que no apiário 1, as colónias que receberam as dietas 3 e 4 tinham significativamente mais reservas de mel (512,3 e 479,9 cm^2 por colónia) em comparação com as outras colónias. A razão por detrás disto pode ser a maior população de abelhas na colónia, que recolheu mais néctar, contribuindo para o aumento das reservas de mel. Nas colónias de controlo, observou-se uma menor quantidade de reservas de mel (206,4 cm^2 por colónia). No apiário 2, foram observadas reservas máximas de mel (318,7 cm^2 por colónia) nas colónias que receberam a dieta 4. Uma quantidade de mel quase semelhante foi observada nas colónias que receberam a dieta 2 (300,1 cm^2 por colónia) e 3 (288,5 cm^2 por). Não se observou qualquer efeito significativo na área de armazenagem do mel nas colónias que receberam a dieta 5. As colónias que consomem uma maior quantidade de substitutos de pólen e de suplementos têm maiores reservas de mel. Os resultados estão de acordo com a observação de Farooqi (1986); Couto (1989); Shoreit, et al. (1993); Abbas, et al. (1995); Nabors (2000); Sabir, et al. (2000) que relataram um aumento significativo na quantidade de reservas de mel nas colónias alimentadas com substitutos de pólen em comparação com o controlo.

Para além da diferença entre as reservas de mel das colónias experimentais, foi feita uma observação interessante em relação ao número de favos suplementares criados pelas abelhas. Durante o período de fluxo de mel, a população de abelhas nas colónias que receberam a dieta 3 aumentou de tal forma que as abelhas começaram a criar favos nas paredes interiores da colmeia (placa 22).

5.3.6 MORFOMÉTRICO DAS ABELHAS

Os resultados obtidos em relação à morfometria das abelhas em ambos os apiários mostraram um pequeno aumento no comprimento da pata traseira, da asa traseira e da língua. As observações estavam de acordo com os resultados de alguns trabalhadores anteriores que relataram que a alimentação com pólen e substitutos de pólen aumentava significativamente o comprimento da língua e o comprimento da pata traseira (Chhuneja, 1990). Posteriormente, um estudo conduzido por Singh (2008) também relatou um aumento do comprimento da língua de abelhas Apis mellifera com 10 dias de idade quando alimentadas com substituto de pólen ou suplemento de pólen, em comparação com colónias de controlo que não foram alimentadas com dieta proteica artificial.

5.3.7 Influência das formulações da dieta no desempenho geral das colónias de abelhas

Foi efectuada uma investigação pormenorizada de 06 formulações de dietas selecionadas durante o período de escassez (abril - setembro) em Panchkula e Gwalior. Foi determinada a influência da alimentação na aceitabilidade da dieta, na postura de ovos, na criação de crias seladas e não seladas, na área de cobertura das abelhas, na população de abelhas, no armazenamento de mel e na morfometria das abelhas. Foram obtidos resultados mais ou menos semelhantes nos apiários 1 e 2, pelo que, por uma questão de conveniência e para evitar confusões, os resultados do apiário 1 são aqui mencionados e discutidos.

A dieta n.º 3 (farinha de soja-1parte, levedura de cerveja-1parte, hidrolisado de proteína de soja-1parte, açúcar-1parte, glucose-1parte) foi consumida em quantidade máxima em ambos os apiários, apiário 1 (65,44 gm/colónia) e apiário 2 (65,77 gm/colónia). Em comparação com as colónias não alimentadas (controlo), a dieta 3 mostrou uma resposta máxima dos parâmetros da colónia, incluindo 76,0 % mais postura de ovos, 65,0 % mais área de criação não selada, 66,0 % mais área de criação selada, 15,8 % mais população de abelhas, 59,7 % mais armazém de mel, 17,2 % mais área de cobertura de abelhas. O teor de proteína de 24,12% desta dieta também foi o mais alto do que os outros e também foi observado que era satisfatório no que diz respeito ao seu conteúdo de aminoácidos. O custo de entrada desta dieta foi calculado em cerca de Rs. 61/- por kg, apenas superior ao custo (Rs. 42/- por kg) da dieta n.º 1, que foi observada em 4 [th] lugar no que diz respeito ao desempenho. Estes resultados estão de acordo com os de Saffari, et al. (2004); Mattila e Otis, (2006a) e DeGrandi-Hoffman, et al. (2008) que relataram que, em alguns casos, os substitutos proteicos foram consumidos em taxas mais elevadas como em comparação com os suplementos de pólen e pólen.

A dieta n° 4 (farinha de soja - 1 parte, levedura de cerveja - 1 parte, hidrolisado de proteína de soja - 0,5 partes, pólen - 0,5 partes, açúcar - 2 partes, glucose - 1 parte) foi considerada a seguinte, tanto no que diz respeito à quantidade (54.2 gm/colónia) de consumo e à sua capacidade de aumentar a postura de ovos (74,6 %), a área de criação não selada (53,9 %), a área de criação selada (64,3 %), a população de abelhas (15,5 %), o armazém de mel (54,9 %) e a área de cobertura das abelhas (12,7 %) em relação aos valores de controlo. Todos esses valores são apenas marginalmente inferiores aos da dieta n° 3 e são estatisticamente iguais. Mas o custo (Rs. 81/- por kg) desta dieta é muito maior do que a dieta n° 3.

A dieta no. 2 (21.68 % de proteína e Rs. 90/- kg de custo) foi a próxima no que diz respeito ao seu consumo e parâmetros de colónia, seguida pela dieta no. 1 (16.70 % de proteína e Rs. 41/- kg de custo) e dieta no. 6 (16.60 % de proteína e Rs. 128.6/- kg de custo). A dieta no. 5 (Spirulina-1parte + mel-5parte) com 10,90 % de proteína foi encontrada no nível mais baixo no que diz respeito à quantidade (23,2 gm/colónia) consumida, bem como outros atributos da colónia mostrando apenas um aumento marginal em relação aos valores de controlo; postura de ovos (28,8 %), área de criação não selada (-0,21 %), área de criação selada (22,8 %), população de abelhas (1,3 %), armazenamento de mel (25,0 %) e área de cobertura de abelhas (4,1 %). Em termos de custos, é também o mais caro (Rs. 175/- por kg), pelo que não pode ser recomendado.

Com base nos parâmetros de consumo e de colónia, as dietas investigadas podem ser organizadas na seguinte sequência/ordem

Dieta n.º 3 > 4 > 2 >1 > 6 > 5

No final do estudo, pode concluir-se que a dieta n.º 3 é a melhor formulação em termos de composição bioquímica favorável (elevado teor de proteínas e aminoácidos), consumo líquido, influência positiva sobre os parâmetros da colónia e custo dos factores de produção envolvidos.

CAPÍTULO 6

Resumo

As abelhas melíferas alimentam-se do pólen e do néctar das flores. O pólen é a principal fonte de proteínas, vitaminas e minerais e o néctar satisfaz as suas necessidades em hidratos de carbono. Durante certos períodos do ano (verão e estações das chuvas na Índia), as condições meteorológicas não são adequadas para as abelhas e a disponibilidade de recursos alimentares (néctar e pólen) é muito reduzida. Este período de emergência é frequentemente designado por período de escassez. As colónias de abelhas têm de lutar pela sua existência e, se as reservas de mel e de pólen (pão de abelha) forem escassas, a população de abelhas diminui rapidamente, as actividades de postura de ovos e de criação de crias são minimizadas, as possibilidades de fuga e de ataque de inimigos e as doenças das abelhas aumentam e as colónias podem perecer. O apicultor tem de ser muito cuidadoso e vigilante e tem de tomar a decisão certa no momento certo. Devido a estes problemas, a apicultura estacionária é difícil, pelo que as colónias de abelhas têm de ser migradas para uma zona onde exista flora apícola suficiente e onde as condições climáticas não sejam tão rigorosas. A migração das colónias de abelhas também está associada a vários problemas, como mão de obra e custos elevados, danos nas colónias durante o transporte, etc.

Foram feitas várias tentativas de formulações de suplementos ou substitutos de pólen por vários trabalhadores, a maioria dos quais do estrangeiro e poucos da Índia, mas ainda não existe uma formulação normalizada e bem aceite no nosso país. No presente estudo, foi feito um esforço para desenvolver um suplemento ou substituto de pólen altamente palatável, nutricionalmente equilibrado e economicamente viável para Apis mellifera.

No apiário de Panckula, foi feita uma observação preliminar das colónias de controlo durante 2008, tendo em consideração uma série de parâmetros da colónia (área de postura de ovos, áreas de criação não seladas e seladas, áreas de armazenamento de mel e pólen). No início da experiência (abril), estes parâmetros da colónia estavam no seu máximo e depois foram drasticamente reduzidos para cerca de metade no mês seguinte. O declínio continuou a um ritmo mais rápido até junho, seguido de uma diminuição gradual em julho. Em algumas colónias, a diminuição da área de postura de ovos, da área de criação não selada e da área de criação selada foi extremamente grave, de tal forma que as colónias não se conseguiram manter e pereceram. Uma dessas colónias fracas enxameou duas vezes. Na primeira incidência de enxameação, foi feita uma tentativa bem sucedida de a recapturar. Mas, passadas duas semanas, voltou a enxamear e não foi possível localizá-la. A partir de finais de julho, registou-se um pequeno, mas significativo, aumento dos parâmetros, tendência que se manteve durante mais tempo. Os primeiros aguaceiros da monção ou da pré-monção ocorrem geralmente no final de junho e dão início ao aparecimento de algumas plantas de crescimento rápido e de floração que podem ser a fonte de néctar e de pólen de que as abelhas necessitam. Com base nestes resultados, concluiu-se que a escassez em Panchkula começa em abril e prolonga-se até setembro. Durante este período, a escassez de alimentos naturais não se e as condições são mais graves durante três meses (junho a agosto).

As observações preliminares em Gwalior revelaram que as condições eram mais ou menos as mesmas, exceto pequenas variações: o período de escassez começa um pouco mais cedo, a atmosfera em Panchkula é mais adequada para a apicultura estacionária devido a uma melhor flora apícola do que em Gwalior.

Este estudo sobre colónias de controlo é de importância primordial na gestão das colónias de abelhas, particularmente no cálculo da quantidade de pólen de substituição a fornecer às colónias de abelhas durante diferentes intervalos de tempo do período de escassez. No início (abril) e durante os períodos de recuperação (a partir de julho), apenas pequenas quantidades de alimentação artificial podem ser suficientes para sustentar as colónias e são necessários cuidados intensivos apenas durante maio a agosto.

Durante os períodos sem terra (outubro a março) de dois anos consecutivos, 2008-09 e 2009-10, foram utilizadas colónias moderadamente fortes de A. mellifera para a recolha de pólen utilizando armadilhas para pólen em Pachkula. Os objectivos das experiências de recolha de pólen foram os seguintes (1) confirmar a existência de uma flora suficientemente rica em pólen durante o período sem terra e (2) satisfazer as necessidades de pólen a utilizar em formulações de suplementos alimentares à base de pólen.

A quantidade média de pólen recolhido durante os dois anos foi de 391,5 e 456,5 g/colónia, respetivamente, no mês de outubro. É um período, logo após o período de escassez, em que a flora apícola mostra uma tendência de rápido aumento, embora a flora polínica ainda seja escassa porque as culturas cultivadas não dão flores nesta estação e apenas poucas fontes florais estavam disponíveis, incluindo flores silvestres. A recolha máxima de pólen foi observada no mês de fevereiro (939,5 g por colónia) em 2008-09 e em março (871,8 g/colónia) em 2009-10, quando se verificou um forte fluxo de pólen proveniente das culturas de mostarda, legumes e frutas, das árvores da avenida e também das plantações selvagens e da jardinagem. Durante esta estação, as abelhas estão mais activas e a sua taxa de procura de alimento é elevada devido às condições meteorológicas favoráveis e à abundância de recursos florais.

Foram preparadas várias formulações (20) de suplementos e substitutos de pólen utilizando ingredientes ricos em proteínas, nomeadamente farinha de soja desengordurada (DSF), grama seca (PG), levedura de cerveja (BY), leite em pó desnatado (SMP), hidrolisado de proteína de soja (SPH), espirulina (SP) e pólen (P), tendo sido utilizados açúcar (S), glucose (G) e mel (H) como edulcorantes. No presente estudo, dois novos ingredientes, ou seja, o hidrolisado de proteína de soja e a spirulina, foram incluídos pela primeira vez como fonte de proteína em formulações de rações. Verificou-se que a percentagem de proteína de todas as formulações de dieta se situa entre 10 e 25 por cento.

A seleção preliminar de 20 dietas formuladas foi realizada durante o mês de março de 2009. As dietas, sob a forma de patês, foram fornecidas às colónias de abelhas durante sete dias, seguindo-se a determinação da quantidade e percentagem de dieta consumida. Os resultados nos dois apiários foram mais ou menos semelhantes, no entanto, o grau geral de consumo em Panchkula foi inferior ao de Gwalior, porque as condições da flora apícola eram melhores em Panchkula do que em Gwalior. Com base nos resultados desta experiência, foram selecionadas para um estudo mais aprofundado seis formulações que revelaram um consumo máximo. Em ambos os apiários, verificou-se que a dieta Q apresentava um consumo máximo

(44,3 e 56,5 %) do que todas as outras dietas. Quando esta dieta foi fortificada com mel, o seu consumo aumentou para 49,0 e 71,0 %, respetivamente.

No estudo detalhado, 06 formulações de dieta selecionadas foram oferecidas às colónias de abelhas durante um intervalo de 14 dias, seguido da determinação da quantidade de consumo de dieta e dos atributos da colónia, incluindo a área de postura de ovos, a área de criação não selada e selada, a área do quadro de cobertura das abelhas, a população de abelhas, a área de armazenamento de mel e a morfometria das abelhas. Este estudo também foi realizado em dois apiários mantidos em Panchkula e Gwalior. A dieta 3 foi considerada a mais aceitável em ambos os apiários, pois o seu consumo líquido foi máximo no apiário 1 (65,4 g/colónia) e no apiário 2 (65,7 g/colónia). Houve apenas uma pequena diferença no grau de consumo da dieta nº 4 no apiário 1 (54,2 g/colónia) e no apiário 2 (58,9 g/colónia). Não houve diferença estatística nos valores destas duas dietas. A dieta nº 5 foi consumida em menor quantidade (23,5 e 23,8 g/colónia nos apiários 1 e 2 respetivamente). Com todas as dietas, o consumo máximo foi registado no mês de junho, quando a escassez de reservas de abelhas estava no seu auge. O grau de consumo de todas as formulações da dieta estava de acordo com as observações dos parâmetros da colónia registados em Panchkula.

A alimentação com as dietas 3 e 4 resultou numa área máxima de postura de ovos de 2246,0 e 2121,3 cm^2 por colónia no apiário 1 e 671,7 e 765,0 cm^2 por colónia no apiário 2, respetivamente. Os resultados obtidos com estas duas dietas foram superiores aos de todas as outras colónias experimentais e de controlo. Em ambos os apiários, a área de postura de ovos foi registada como mínima nas colónias de controlo, ou seja, 538,1 e 202,3 cm^2 por colónia, respetivamente.

A dieta 3 pareceu superior a todas as outras formulações de dieta por resultar num aumento significativo da área de criação não selada (889,7 cm^2 por colónia) no apiário 1. Enquanto que, no apiário 2, os melhores resultados para a criação de criação não selada foram obtidos com a dieta 4 (640,3 cm^2 por colónia). No entanto, os resultados obtidos com estas duas dietas foram estatisticamente iguais. Todas as outras colónias experimentais também mostraram um aumento da criação não selada até certo ponto. A área mínima de criação não selada foi registada nas colónias de controlo em ambos os apiários (311,1 e 152,2 cm^2 por colónia nos apiários 1 e 2, respetivamente).

Foi observada uma tendência semelhante para a área de criação selada, uma vez que foi observado um máximo de criação selada nas colónias alimentadas com a dieta 3 (2155,3 cm^2 por colónia) no apiário 1 e 723,4 cm^2 por colónia para a dieta 4 no apiário 2. Em todas as outras colónias experimentais, observou-se um aumento significativo na área de criação selada, uma vez que os valores obtidos foram 1254,5 cm^2 por colónia (dieta 1), 1599,7 cm^2 por colónia (dieta 2), 2053,0 cm^2 por colónia (dieta 4), 948.6 cm^2 por colónia (dieta 5) e 1070,3 cm^2 por colónia (dieta 6) no apiário 1 e 485,7 cm^2 por colónia (dieta 1), 640,5 cm^2 por colónia (dieta 2), 658,8 cm^2 por colónia (dieta 3), 340,6 cm^2 por colónia (dieta 5) e 521,4 cm^2 por colónia (dieta 6) no apiário 2. A área de criação selada foi registada como mínima nas colónias de controlo. Os valores obtidos foram de 731,3 no apiário 1 e 330,1 cm^2 por colónia no apiário 2. Significativamente, as colónias que mostram mais criação na fase selada devem também mostrar uma maior população de abelhas. Isto foi observado nas colónias alimentadas com as dietas 3 e 4, que apresentaram uma maior área de criação selada, bem como uma maior população de abelhas. No apiário 1, observou-se uma população máxima de 11509,1 abelhas nas colónias alimentadas com a dieta 3, que foi estatisticamente igual ao valor obtido no caso da dieta 4 (11469,2). Em todas as outras colónias experimentais, foi registada uma população de abelhas comparativamente mais baixa: 10926.1 (dieta 1), 10875.9 (dieta 2), 9819.6 (dieta 5) e 10799.3 (dieta 6) respetivamente. A menor população de abelhas (9686,1) foi observada nas colónias de controlo. Os resultados relativos à população de abelhas no apiário 2 foram mais ou menos semelhantes aos resultados obtidos para o apiário 1. Observou-se que a população de abelhas era máxima nas colónias que receberam a dieta 3 (9138,6), seguida da dieta 4 (8501,6) e mínima nas colónias de controlo (8000,3).

O número de quadros cobertos por abelhas também foi registado como sendo máximo no caso da dieta 3 (5,8) e o valor foi significativamente diferente de todas as outras colónias no apiário 1. O número mais baixo de quadros cobertos foi observado nas colónias de controlo (não alimentadas) (4,8). No apiário 2, o número de quadros cobertos pelas abelhas foi registado como máximo nas colónias alimentadas com a dieta 3 (5,8) e 4 (5,8). O menor valor de quadros cobertos por abelhas foi observado nas colónias de controlo (5,0).

No apiário 1, as reservas máximas de mel foram observadas nas colónias que receberam a dieta 3 (512,3 cm^2 por colónia), seguidas da dieta 4 (497,9 cm^2 por colónia). No apiário 2, observou-se que as reservas de mel eram de 318,7 e 288,5 cm^2 por colónia nas colónias que receberam a dieta 4 e 3, respetivamente. Observou-se também que em ambos os apiários, todas as colónias experimentais têm melhores reservas de mel em comparação com as colónias de controlo. Foi efectuado um estudo morfométrico das abelhas operárias. Observou-se que não havia nenhuma diferença significativa no comprimento da asa dianteira, da asa traseira, da perna dianteira, da perna traseira e do comprimento do corpo. No entanto, o comprimento da língua foi máximo nas colónias que receberam as dietas 3 e 4.

O desempenho global das várias formulações de dietas foi avaliado comparando os resultados obtidos para as colónias experimentais com as colónias de controlo. Em Panchkula, a dieta 3 foi considerada superior, com um aumento de 55% em relação às colónias de controlo, enquanto que, em Gwalior, o aumento percentual (51%) foi maior no caso da dieta 4. A dieta 5 foi considerada a menos eficaz em ambos os apiários, com 15 e 6,3% de aumento global.

O estudo da análise bioquímica de 06 formulações de dietas selecionadas também foi realizado. Observou-se que a percentagem de proteína foi máxima na dieta n° 3 (24,21%), seguida pela dieta n° 4 (22,12%), dieta n° 2 (21,68%), dieta n° 1 (16,7%), dieta n° 6 (16,60%) e dieta n° 5 (10,90%). No caso dos hidratos de carbono, o valor mais elevado foi observado no caso da dieta 5 (69,2%). A percentagem mínima de hidratos de carbono foi calculada na dieta 4 (57,15%). A percentagem de gorduras foi inferior a 7% em todas as formulações de dieta. A percentagem mais elevada de gorduras foi observada na dieta 6, ou seja, 6,48%, e o valor mínimo foi observado na dieta 5 (1,67%). O teor de cinzas foi calculado como sendo máximo na dieta 6 (4,21%) seguido da dieta 1 (3,75%). O teor de humidade variou de 10 a 20 %. A percentagem máxima de humidade foi observada na dieta 5 (18,30%) e o valor mínimo para o teor de humidade foi observado no caso da dieta 4 (10,41%). A energia total foi analisada como sendo mais elevada na dieta 5 (447,4 kcal/100g), seguida da dieta 2 (389,1 kcal/100g), 4 (353,5 kcal/100g), 6 (352,3 kcal/100g), 3 (323,4 kcal/100g) e 1 (310,5 kcal/100g).

A análise dos aminoácidos foi efectuada por RP-HPLC. Observou-se que o número e as concentrações de aminoácidos entre todas as formulações de dieta selecionadas variaram. A dieta n° 5 mostrou a presença do número máximo de picos de aminoácidos quantificados como ácido aspártico, cisteína, valina, leucina, serina, isoleucina, fenilalanina e histidina. Para além destes, foram obtidos mais três picos que não puderam ser quantificados com exatidão. Em todas as outras formulações de dieta, os picos de aminoácidos obtidos foram 4 (dieta 1), 6 (dieta 2), 11 (dietas 3 e 4) e 4 (dieta 6). Nas dietas 3 e 4, que se revelaram as melhores candidatas a fonte de proteínas para alimentação durante o período de escassez, para além dos aminoácidos não essenciais, a maioria dos aminoácidos essenciais (leucina, isoleucina, valina, metionina, fenilalanina, treonina) estavam presentes em quantidades significativas.

No presente estudo, o custo de entrada de 06 formulações de dieta também foi calculado e essas dietas de baixo a alto custo podem ser organizadas da seguinte forma: dieta n° 1 (Rs. 41,7), dieta 3 (Rs. 60,9), dieta 4 (Rs. 81,5), dieta 2 (Rs. 90,3), dieta 6 (Rs. 128,6) e dieta 5 (Rs. 175,2). Assim, a dieta n.° 3, que foi considerada a melhor no que diz respeito ao desempenho da colónia, é apenas um pouco mais cara do que a formulação mais barata (dieta n.° 1), cujo desempenho se situou na 4ª posição.

No final do estudo, pode concluir-se que a dieta n.° 3 é a melhor formulação para alimentação artificial como substituto do pólen para as colónias de abelhas durante o período de escassez. Consiste em farinha de soja desengordurada, levedura de cerveja, hidrolisado de proteína de soja, açúcar e glucose e forneceu os melhores resultados no que diz respeito à sua composição bioquímica favorável (elevado teor de proteínas e aminoácidos), consumo líquido, influência positiva nos parâmetros da colónia e custo de entrada envolvido. Embora sejam necessárias mais investigações para tornar esta formulação comercialmente prometedora, pode ser recomendada para ser utilizada pelos apicultores durante o período de escassez.

CAPÍTULO 7
Referências

A.O.A.C. (1990). Métodos oficiais de análise. Edição 15. Association of Official Analytical Chemists, Washington, DC, EUA.

Abbas, T., Hasnain, A. e Ali, R. (1995). Black gram as a pollen substitute for honey bees. Animal Food Science and Technology. 54: 357-359.

Abbasian, A. P. e Ebadi, R. (2002). Efeitos nutricionais de algumas fontes de proteína na longevidade, proteína e gordura corporal da abelha operária (Apis mellifera L.). Journal of Science and Technology of Agriculture and Natural Resources. 6: 149158.

Abdalla, M. A. (2001). Estudos sobre determinados factores que influenciam a criação de rainhas de abelhas melíferas. Tese de doutoramento, Assiut Univ. pp: 164.

Abdilla, F. S. (2005). Efeito de alguns suplementos alimentares nos caracteres fisiológicos das abelhas operárias. Assiut J. Agric. 36: 97-108.

Abusabbah, M. O., Mahmoud, M. E. E., Mahjoub, M. O., Omar, D. e Abdelfatah, M. N. (2012). Dietas alternativas promissoras para as abelhas melíferas para aumentar as atividades das colmeias e sustentar a produção de mel durante as estações secas na Arábia Saudita. International Journey of Agriscience. 2(4): 361-364.

Agrawal, O. P. (2011). Base científica do mel e propriedades curativas do mel. In: Seminário sobre Caracterização da Biodiversidade e Impactos Ambientais. Escola de Estudos em Zoologia, Universidade de Jiwaji, M.P. 2829 de setembro de 2011.

Agrawal, O. P. (2012). Formulações alimentares fortificadas com espirulina para crianças desnutridas da comunidade tribal. In: Um Seminário Nacional sobre Saúde Tribal e Genómica. Centro de Genómica, Escola de Estudos em Zoologia, Universidade de Jiwaji, Gwalior (M.P.), 19-21 de março de 2012.

Agrawal, O. P. (2012). Spirulina super food: Novas dimensões na tecnologia alimentar através da gestão sustentável dos recursos naturais. In: 3rd Conferência Internacional sobre Mudanças Climáticas e Gestão Sustentável de Recursos Naturais. TIMS-12, Universidade ITM, Gwalior, M.P., Índia. pp. 66-67.

Aeppler, C. W. (1922). Tremenda força de crescimento. Gleanings in Bee Culture. 50: 151-153.

Akyol, E. e Kaftanoglu, O. (2001). Caraterísticas das colónias e desempenho das abelhas caucasi- -n (Apis mellifera causcasian) e mugla (Apis mellifera anatoliaca) e seus cruzamentos recíprocos. J. Apic. Res. 40: 11-15.

Akyol, E., Yeninar, H., Sahiner, N. e Guler, A. (2006). The effects of additive feeding and feed additives before wintering on honey bee colony performances, wintering abilities and survival rates at the East Mediterranean Region. Jornal de *Ciências* Biológicas do Paquistão. 9(4): 589-592.

Albritton, E. C. (1954). Valores Padrão em Nutrição e Metabolismo. pp. 224. *Philadelphia*: W. B. Saunders and Co.

Albritton, E. C. (1954). Valores padrão em nutrição e metabolismo. pp. 380. *Philadelphia*: W. B. Saunders CO.

Alexandru, V., Palos, E. e Andrei, C. (1977). Um alimento energético-protéico para as abelhas melíferas. In: *Actas do Congresso Apícola Internacional, Adelaide. Bucareste, Roménia, Editora Apimondia.* pp. 343-346.

Alqarni, A. S. (2006). Influência de algumas dietas proteicas na longevidade e em algumas condições fisiológicas das operárias da abelha *Apis mellifera* L. *Journal of Biological Sciences.* 6(4): 734-737.

Alvarenga, R. R., Rodrigues, P. B., Cantarelli, V. D. S., Zangeronino, M. G., Junior, J. W. D. S., Silva, L. R. D., Santos, L. M. D. e Pereira, L. J. (2011). Valores energéticos e composição química da spirulina (*Spirulina platensis*) avaliados com frango de corte. *R. Bras. Zootec.* 40(5): 992-996.

Ambrose, J. T. (1992). Gestão da produção de mel, pp. 602654. In: *The Hive and The Honey Bee.* J. M. Graham (ed.) *Dadant and sons, Illionois,* pp. 1324.

Amir, O. G. e Peveling, R. (2004). Efeito do tri-flumurão no desenvolvimento das crias e na sobrevivência das colónias de abelhas Apis mellifera L. Journal of Applied Entomology. 128: 242-249.

Anderson, L. M. e Dietz, A. (1974). Pyridoxine requirement of the honey bee. The Hive and the Honey Bee. 1975. Dadant & Sons, Hamilton, pp. 740.

Angkanaporn, K., Ravindran, V., Mollah, Y. e Bryden, W. I. (1997). Homoarginine influences voluntary feed intake, tissue basic amino acid concentrations and arginase activity in chickens. Journal of Nutrition. 127: 1128-1136.

Anónimo, (1951). Uma breve revisão do trabalho sobre apicultura em Madras. Indian Bee Journal. 13: 61-65.

Atallah, M. A. e Naby, A. A. A. (1979). Effect of invert sugar on brood rearing, honeyproduction and fatandglycogen contents of honeybees. Journal of Apicultural Research. 18: 40-42.

Atallah, M. A. e Naby, A. A. A. (1980). O efeito da alimentação das abelhas com açúcar castanho e não refinado no conteúdo rectal e na taxa de mortalidade. In: Actas do XXVIIth Congresso Internacional de Apicultura, Atenas. pp. 221-225.

Atwal, A. S. (2001). Management of bees for honey production, pp. 60-95. In: The world of Honey Bee. Kalyani Publishers, New Dehli. pp. 115.

Atwal, A. S. e Goyal, N. P. (1973). Introdução de Apis *mellifera* L. nas planícies do Punjab. *Indian Bee Journal.* 35(1/4): 19.

Atwal, A. S. e Sharma, O. P. (1964). Introdução da abelha italiana na Índia. *Proc. Indian Ent. Soc., Silver Jublee No: New Delhi (IARI); maio de* 1964.

Atwal, A. S. e Sharma, O. P. (1967). Introdução de rainhas de *Apis mellifera* L. em colónias de *Apis indica* F. XXI Int. Beekeeping Congr. *Beltsville.* 70-71.

Atwal, A. S. e Sharma O. P. (1968). A introdução de rainhas *de Apis mellifera* L. em colónias de *Apis indica* F. e o comportamento associado das duas espécies. *Indian Bee Journal.* 30(2): 41-56.

Auclair, J. L. e Jamison, C. A. (1948). A qualitative analysis of amino acids in pollen collected by bees. *Science.* 108: 357358.

Augustin, R. e Nixon, D. A. (1957). Constituintes do pólen de gramíneas; o teor de mesoinositol. *Nature.* 179: 530-531.

Avni, D., Dag, A. e Shafir, S. (2009). The effect of surface area of pollen patties fed to honey bee (*Apis mellifera*) colonies on their consumption, brood production and honey yield. *Journal of Apicultural Research and Bee World.* 48(1): 2328.

Baidya, D. K., Sasaki, M. e Matsuka, M. (1993). Effect of pollen substitute feeding site on brood rearing in honey bee colonies. Applied Entomology and Zoology. 28: 590-592.

Bajpai Madhu Bala, (1989). Estudos sobre algumas enzimas digestivas de larvas de Apis cerana indica (Hymenoptera: Apidae). Tese de doutoramento, Universidade de Lucknow, Lucknow, Índia.

Banby, M. A. e Gorgui, W. A. (1970). Desenvolvimento das abelhas melíferas cujas colónias são alimentadas com xarope de açúcar e diferentes tipos de substitutos do pólen. Boletim de Investigação, Faculdade de Agricultura, Universidade Ain Shams, Cairo, Egito. 610: 22.

Barker, R. J. (1977). Considerações sobre a seleção de açúcares para a alimentação das abelhas. American Bee Journal. 117: 76-77.

Barker, R. J. e Lehner, Y. (1973). Aceitação e valores de sustentação do mel, dos açúcares do mel e da sacarose fornecidos às abelhas operárias em gaiolas. American Bee journal. 113: 370371.

Barker, R. J. e Lehner, Y. (1974). Aceitação e valores de sustentação de açúcares naturais fornecidos a obreiras adultas recém-emergidas de abelhas melíferas (Apis mellifera L). Journal of Experimental Zoology. 187: 277-286.

Barker, R. J. e Lehner, Y. (1976). O açúcar do leite envenena as abelhas melíferas. American Bee Journal. 116: 322-332.

Barker, R. J. e Lehner, Y. (1978). Comparação laboratorial de xarope de milho rico em frutose, xarope de uva, xarope de mel e xarope de sacarose como alimento de manutenção para abelhas melíferas em gaiolas. *Apidologie.* 9: 111-116.

Baryezko, M. K. e Szymas, B. (2006). Melhoria da composição do substituto do pólen para a abelha melífera (*Apis mellifera* L.) através da implementação de preparações probióticas. *Journal of Apicultural Science.* 50(1): 15-23

Baumont, R. (1995). Palatibilidade e comportamento alimentar em ruminantes, uma revisão. *Ann. Zootech.* 45: 385-400.

Beenakkers, A. M. (1969). Hidratos de carbono e gordura como combustível para o voo dos insectos: Um estudo comparativo. *Journal Insect Physiol.* 15: 353361.

Berna, E. (2006). Semi-Automated Measuring Capped Brood Areas of Honeybee colonies. *Journal of Animal and veterinary Advances.* 5(12): 1229-1232.

Bertholf, I. M. (1927). The utilization of carbohydrates as food by honey bee larvae. *Journal of Agicultural Research.* 35: 429452.

Bhatia, I. S. e Pingale, S. V. (1954). Utilização de polifrutosano de *Agave veracruz* pela abelha melífera (*Apis indica* F.). *Journal of Scientific Industrial Research.* 13B(2): 134-136.

Bieberdorf, F. W., Gross, A. L. e Weichlein, R. (1961). Conteúdo de aminoácidos livres do pólen. *Ann. Allergy.* 867-876.

Burgess, E. P. J., Malone, L. A. e Christeller, J. T. (1996). Effect of two proteinase inhibitors on the digestive enzymes and survival of honey bees (Apis mellifera). Journal of Insect

Physiology. 42: 823-828.

*Burtov ,V. (1961). O cobalto e a produtividade das abelhas. Pchelovodstvo. 38: 22.

Calderone, N. W. e Page, R. E. (1988). Genotypic variability in age polyethism and task specialization in the honey bee, Apis mellifera (Hymenoptera: Apidae). Behave. Ecol. Sociobiol. 22: 17-25.

Campana, B. e Moeller, F. E. (1977). Abelhas melíferas: Preference for and nutritive value of pollen from five plant sources. Journal of Economic Entomology. 70: 39-41.

Castangnino, G. L. B., Message, D., Macro, J. P. e Fernandes (2004). Avaliação da eficiência nutricional do substituto do pólen através da medição da área de cria e pólen em Apis mellifera. Revta Ceres. 51: 307-15.

Chalmers, W. T. (1980). Farinhas de peixe como substitutos proteicos do pólen para as abelhas. Bee World. 61: 89-96.

Chandel, Y. S. e Kumar, A. (2000). Efeito da alimentação com açúcar das colónias de Apis mellifera L. no seu desempenho durante o período de floração do milho. Pest Management and Economic Zoology. 8: 53-56.

Chhuneja, P. K. (1990). Studies on pollen substitutes for the brood rearing of Apis mellifera L. Ph.D. Dissertation, P. A. U. Ludhiana, India.

Chhuneja, P. K., Brar, H. S. e Goyal, N. P. (1992). Estudos sobre alguns substitutos do pólen fornecidos como alimento húmido a colónias de Apis mellifera L.. 1: Preparação e consumo. *Indian Bee Journal*. 54: 48-57.

Chhuneja, P. K., Brar, H. S. e Goyal, N. P. (1993a). Estudos sobre alguns substitutos do pólen fornecidos como alimento húmido a colónias de *Apis mellifera* L.. 2: Efeito no desenvolvimento da colónia. *Indian Bee Journal*. 55: 17-30.

Chhuneja, P. K., Brar, H. S. e Goyal, N. P. (1993b). Estudos sobre alguns substitutos do pólen fornecidos como alimento húmido a colónias de *Apis mellifera* L.. 3: Efeito no armazenamento do mel, na carga polínica e na produção de cera. *Indian Bee Journal*. 55: 26-30.

Cook, V. A. e Wilkinson, P. D. (1986). A alimentação com pólen aumenta a criação nas colónias. *Br. Bee J.* 114: 223-226.

Corner , J. (1978). Apiário. *BrchNews l. BC Dep. Agric.* março.

Couto , R. H. N., Sallers, L. A. e Couto, N. A. (1989). Produção de cria e alimento em colónias confinadas de *Apis mellifera* alimentadas com rações proteicas. *Ecossistema*. 14: 213-218.

Crailsheim, K. (1988). Transport of leucine in the alimentary canal of the honey bee (*Apis mellifera* L.) and its dependence on season. *J. Insect. Physiol.* 34(12): 1093-1100.

Crailsheim, K. (1988a). Regulação da passagem de alimentos no intestino da abelha melífera (*Apis mellifera* L.). *Journal of Insect Physiology*. 34: 85-90.

Crailsheim, K. (1988b). Intestinal transport of sugars in the honey bee (Apis mellifera L.). Journal of Insect Physiology. 34: 839-845.

Crailsheim, K. (1990). The protein balance of the honey bee worker. Apidologie. 21: 417-429.

Crailsheim, K. (1991). Alimentação de gelatina entre adultos em colónias de abelhas (Apis mellifera L.). Journal of Comparative Physiology. 161: 55-60.

Crailsheim, K. (1992). The flow of jelly within a honey bee colony. Journal of Comparative Physiology. 162: 681-689.

Crailsheim, K. (1998). Interações trofalácticas na abelha adulta (Apis mellifera L.). Apidologie. 29: 180-204.

Crailsheim, K. e Stolberg, E. (1989). Influence of the diet, age and colony condition upon intestinal proteolytic activity and size of the hypopharyngeal glands in the honey bee (Apis mellifera L.). Journal of Insect Physiology. 35: 595-602.

Crane, E. (1990). Bees and beekeeping: Science, Practice and World Resources. Cornstock Publ. Ithaca, NY, EUA.

Dadd, R. H. (1973). Nutrição de insectos: desenvolvimentos actuais e implicações metabólicas. Revisão Anual de Entomologia. 18: 381-240.

Daly, H. V., Hoelmer, K., Norman, P. e Allen, T. (1982). Identificação de abelhas melíferas africanizadas no hemisfério ocidental por análise discriminante. J. Kans. Entomol. Soc. 51: 857-869.

Day, S., Beyer, R., Mercer, A. e Ogden, S. (1990). The nutrient composition of honey bee collected pollen in Ontago, New Zealand. *Journal of Apicultural Research.* 29(3): 138-146.

DeGrandi-Hoffman, G., Waardell, G., Ahumanda Secura, F., Rinderer, T. E., Danka, R. e Pettis, J. (2008). Comparação de dietas de substituição de pólen para abelhas melíferas: Taxas de consumo pelas colónias e efeitos nas populações de crias e de adultos. *Journal of Apicultural Research.* 47: 265-270.

DeGrandi-Hoffman, G. Y., Chen, E., Huang, M. e Huang, H. (2010). The effect of diet on protein concentration, hypopharyngeal gland development and virus load in worker honey bees (*Apis mellifera* L.). *Jornal de Fisiologia de Insectos.* 56: 1184-1191.

De Groot, A. P. (1952). Necessidades de aminoácidos para o crescimento da abelha *melífera* (*Apis mellifera* L.). *Physiologia ComparataetdEcogia.* 3: 195-285.

De Groot, A. P. (1953). Protein and amino acid requirements of the honey bee. *Physiologia comp Oecol.* 3: 197-285. (Citado por DeGrandi-Hoffman, *et al.,* 2008. *J. Apic. Res. Bee Wld.* 47: 265-70).

Di Pasquale, M. G. (1997). Aminoácidos e proteínas para o atleta: *The anabolic edge. Boca Raton, FL: CRC Press.*

Dietemann, V., Human, H., Nicolson S. W., Strauss, K. e Pirk, C. W. W. (2007). Influence of pollen quality on ovarian development in honey bee workers (Apis mellifera scutellata). Journal of Insect Physiology. 57: 649-655.

Dietz, A. (1975). Nutrição da abelha adulta. In: The hive and The honeybee. Dadant & Sons, Hamilton, Illinois. pp. 125-156.

Dietz, A. e Stevenson, H. R. (1975). The effect of long-term storage on the nutritive value of pollen for brood rearing of honeybees. American Bee Journal. 115: 476-482.

Dietz, A. e Stevenson, H. R. (1980). Influência do armazenamento a longo prazo no valor nutricional do pólen congelado para a criação de abelhas. Apidologie. 11: 143-151.

Dixon, S. E. e Shuel, R.W. (1963). Estudos sobre o modo de ação da geleia real no desenvolvimento da abelha melífera. III. O efeito da variação experimental da dieta no crescimento e metabolismo das larvas de abelhas. Can. J. Zool. 41: 733-739.

Dogaroglu, M. D., Oskay, M. e Koseoglu (2000). Um estudo sobre a determinação dos efeitos de diferentes métodos de invernada na população das colónias. Terceiro Congresso de Apicultura da Turquia, Adana.

Doull, K. M. (1968). Desenvolvimento recente na investigação de suplementos de pólen. American Bee Journal. 108: 139-140.

Doull, K. M. (1973). Relação entre pólen, criação de crias e consumo de suplementos de pólen pelas abelhas melíferas. *Apidologie.* 4: 285-293.

Doull, K. M. (1974a). Effect of distance on the attraction of pollen to honey bees in the hive. *Journal of Apicultural Research.* 13: 27-32.

Doull, K. M. (1974b). Effect of attractants and phago-stimulants in pollen and pollen supplement on the feeding behavior of honey bees in the hive. *Journal of Apicutural Research.* 13: 47-54.

Doull, K. M. (1975). Suplementos de pólen. I. Relações entre os suplementos, o pólen e a criação. II. Métodos de alimentação com suplementos. III. Utilização eficaz da alimentação suplementar. *American Bee Journal.* 115: 14-15, 54-55, 88-89, 99.

Doull, K. M. (1977). Suplementos de pólen de Tucson. *American Bee Journal.* 117: 296-297.

Doull, K. M. (1980a). Relationships between consumption of pollen supplement honey production, and brood rearing in colonies of honeybees (*Apis mellifera* L.). I. *Apidologie.* 11(4): 361-365.

Doull, K. M. (1980b). Relações entre o consumo de pólen, a produção de mel suplementar e a criação de crias em colónias de abelhas melíferas (Apis mellifera L.). II. Apidologie. 11(4): 367-374.

Doull, K. M. e Purdie J. D. (1966). Testes de campo com o suplemento de pólen de Krawaite. *Aus. Beekeeper.* 67: 219-222.

Dubois, M., Gilles, K. A., Hamilton, J. K., Rebers, P. A. e Smith, F. (1956). Método colorimétrico para a determinação de açúcares e substâncias afins. *Anal. Chem.* 28: 350-356.

Dutcher, R. A. (1918). Estudos sobre vitaminas. III. Observações sobre as propriedades curativas do mel, néctar e pólen na polineurite aviária. *J. biol. Chem.* 36(1): 551-555.

Efem, S. E. (1988). Observações clínicas sobre as propriedades de cicatrização de feridas do mel. *Br. J. Surg.* 75: 679-681

Eischen, F. A., Rothenbuhler, W. C. e Kulinevic, J. M. (1982). Length of life and dry weight of worker honey bees reared in colonies with different worker-larva ratios. *Journal of ApiculturalResearch.* 21: 19-25.

Eischen, F. A., Rothenbuhler, W. C. e Kulincevic, J. M. (1984). Alguns efeitos da amamentação nas abelhas amas. *Journal of Apicultural Research.* 23: 90-93.

El-Sarrag, M. S. A. (1993). Estudos sobre alguns factores que afectam a criação de rainhas de abelhas melíferas (*Apis mellifera* L.) nas condições de Riade. *Centro de Investigação Agrícola, Universidade Rei Saud, Boletim de Investigação.* 41: 30-41.

Erickson, E. H. e Herbert, E. W. (1980). Soybean products replace expeller processed soy flour for pollen supplements and substitutes. American Bee Journal. 120: 122-126.

Farooqi, F. A. (1986). Estudos sobre os efeitos nutricionais de diferentes alimentos no desenvolvimento de colónias de Apis mellifera L.. Tese de Mestrado, Universidade de Agri,

Faisalabad, Paquistão. pp. 74.

Farrar, C. L. (1963). O invernar de colónias produtivas. pp. 341-368. In: The Hive and The Honey bee, R. A. Grout (ed). Dadant and Sons, Illinois. pp. 556.

Flores, A. (2003). Dieta especial para abelhas polinizadoras de amêndoas. Revista de Investigação Agrícola (março). Notícias e informações do ARS.

Forster, I. W. (1966). Suplementos de pólen para colónias de abelhas. New Zealand beekeeper. 28: 14-21.

Forster, I. W. (1968a). Suplementos de pólen para colónias de abelhas. New Zealand Beekeeper. 30: 2-8.

Forster, I. W. (1968b). Suplementos de pólen para colónias de abelhas. New Zealand Beekeeper. 30: 16-17.

Fraenkel, G. (1943). Insect nutrition. Royal College of Science Journal. 13: 59-69.

Free, J. B. (1965). The allocation of duties among worker honey bee. Symp. Zoolo. Sac. 14: 39-59.

Free, J. B. (1967). Factores que determinam a recolha de pólen pelas forrageadoras de abelhas. Animal behavior. 15: 134-144.

Free, J. B. e Spencer-Booth, Y. (1961). The effect of feeding sugar syrup to honey bee colonies (O efeito de alimentar as colónias de abelhas com xarope de açúcar). Journal of Agricultural Science. 57: 147-151.

Free, J. B. e Williams, H. I. (1971). The effect of giving pollen and pollen supplements to honey bee colonies on the amount of pollen collected. Journal of apicultural research. 10: 87-90.

Free, J. B. e Williams, I. H. (1975). Factores que determinam a criação e a rejeição de zangões pela colónia de abelhas. Animal Behaviour. 23: 650-675.

Frisch, K. V. (1934). Uber den Gesehmacksinn der Bienen. Z. vergl. Physiol. 21: 1-156

Garcia, R. H., Couto, R. H. N., Couto, L. A. e Junqueria, O. M. (1986). Níveis de proteína, lisina e metionina nas dietas de Apis mellifera em colmeias infestadas com Varroajacobsoni. Ars. Veternaria. 2: 147-151.

Ghatge, A. I. (1947). Starvation of bees. Indian Bee Journal. 9: 151-152.

Gheradi, S. G. e Black, J. L. (1995). Effect of palatability on voluntary feed intake by sheep. Identificação de produtos químicos que alteram a palatabilidade das forrageiras. Australian Journal of Agricultural Research. 42: 571-584.

Ghosh, C. C. (1920). Beekeeping in India. Proc. III Ent. Meeting, Pusa. 2: 770-782.

Glushkov, N. M. e Yakovlev, A. S. (1963). Alimentação das abelhas com substâncias promotoras de crescimento. *Pchelovodstvo*. 40: 25-27.

Gomez, K. A. e Gomez, A. A. (1984). Statistical Procedures for Agricultural Research, *John Wiley & Sons*, New York. pp. 680.

Gonnet, M. (1977). L' analyse des miles: Description de quelques methods de control de la qualite. INRA, *Zoologie et Apidologie F84140. Montfavet. Bull Tech, Agric.* 13(1): 1734

Goodwin, R. M., Houten, A. T., Perry J. H. e Ten-Houten, A. (1994). Effect of feeding pollen substitute to honey bee colonies used for kiwi pollination and honey production. *New Zealand Journal of Crop and Horticultural Science.* 22: 459-462.

Gregory, P. G. (2006). Dietas proteicas e seus efeitos sobre o peso das operárias, longevidade, consumo e níveis de proteína na hemolinfa de *Apis mellifera F. Proceedings of American Bee Research Conference. 9-10 de janeiro de 2006. Baton Rouge LA, EUA.*

Grogan, D. E. e Hunt, J. H. (1979). Proteases do pólen: o seu papel potencial na digestão dos insectos. *Insect Biochemistry.* 9: 309-313.

Grogan, D. E. e Hunt, J. H. (1980). Age related changes in midgut protease activity of the honey bee, Apis mellifera (Hymenoptera: Apidae). Experientia. 36: 1347-1348.

Guler, A. (1999). Importância do açúcar na alimentação das colónias de abelhas melíferas (Apis mellifera L.). Primeiro Simpósio de Apicultura na Turquia, Kemaliye/ ERZINCAN.

Hagedom, H. H. e Moeller, F. E. (1968). Efeito da idade do pólen utilizado em suplementos de pólen no seu valor nutritivo para as abelhas melíferas. Efeito no peso do tórax, no desenvolvimento das glândulas hipofaríngeas e na criação de crias. Journal of Apicultural Research. 7: 89-95.

Hagedorn, H. H. e M. Burger. (1968). Efeitos da idade do pólen utilizado em suplementos de pólen sobre o seu valor nutritivo para a abelha melífera. II. Efeitos do teor vitamínico dos pólenes. J. apic. Res. 7: 97-101.

Hagedorn, H. H. e Moeller, F. E. (1968). Efeito da idade do pólen utilizado em suplementos de pólen no seu valor nutritivo para a abelha melífera. I. Efeito no peso do tórax, no desenvolvimento das glândulas hipofaríngeas e na criação de crias. J. Apic. Res 7: 89-95.

Hanna, A. e Schmidt, J. (2004). Efeito dos fagostimulantes em dietas artificiais nas abelhas melíferas: Parte I. Bee Wld. 86: 3-10. (Citado por Schmidt, J. O. e Hanna, A. 2006. J. Insect Behav. 19: 521-32).

*Haydak, M. H. (1933). Der Nährwert von Pollenersatzstoffenbei Bienen. *Arch. Bienenkunde* 14: 185-219.

Haydak, M. H. (1935). Brood rearing by honey bees confined to pure carbohydrate diet. *Journal of Economic Entomology.* 28: 657-660.

Haydak, M. H. (1936). Value of food other than pollen in nutrition of the honey bee. *Journal of Economic Entomology.* 29: 870-876.

Haydak, M. H. (1937). Contribuição adicional para o estudo dos substitutos do pólen. *Journal of Economic Entomology.* 30(4): 637642.

Haydak, M. H. (1939). Valor comparativo do pão de abelha substituto do pólen e da mistura de leite desnatado seco com farinha de sementes de algodão. *Journal of Economic Entomology.* 32: 663-665.

Haydak, M. H. (1940). Comparative value of pollen substitute for brood rearing of honey bees. *Journal of Economic Entomology.* 33: 397-399.

Haydak, M. H. (1945). Value of pollen substitute for brood rearing of honeybees (Valor do substituto do pólen para a criação de abelhas). *Journal of Economic Entomology.* 38: 484487.

Haydak, M. H. (1949). Causas de deficiências do flúor de soja como substituto do pólen para as abelhas. *J. Econ. Entomol.* 42(4): 573-579.

Haydak, M. H. (1959). Substituto do pólen - ainda uma controvérsia? American Bee Journal. 99: 131-132.

Haydak, M. H. (1963). Influência do armazenamento no valor nutritivo do pólen para a criação de abelhas melíferas. Journal of Apicultural Research. 2: 105-107.

Haydak, M. H. (1967). Nutrição das abelhas e substitutos do pólen. Apicata. 1: 3-8.

Haydak, M. H. (1968). Nutrition des larves d'abelles, in: R. Chauvin (Ed.), Traite de Biologie de l'Abeille. Vol. 1, Masson et Cie, Paris, pp. 302-333.

Haydak, M. H. (1970). Honey bee nutrition. Annual Review of Entomology. 15: 143-156.

Haydak, M. H. e Dietz, A. (1965). Influência da dieta no desenvolvimento e na criação de abelhas melíferas. Proc XX Int. Congresso de Apicultura. Bucareste. pp. 158-62. (Citado por Haydak M. H., (1970). A Rev. Ent. 15: 143-56).

Haydak, M. H. e Dietz, A. (1972). Cholesterol panthothenic acid, pyridoxine and thiamine requirements of honeybees for brood rearing. J. Apicult. Res. 11: 105-109.

Haydak, M. H. e Tanquary, M. C. (1942). Vários tipos de farinha de soja como substitutos do pólen. Journal of Economic Entomology. 35: 317-318.

Haydak, M. H. e Tanquary, M. C. (1943). Pólen e substitutos de pólen na nutrição da abelha. Agr. Exp. Sta. tech. bull. University of Minnesota. 160, pp. 23.

Hays, G. W. J. (1984). Supplemental feeding of honey bee. American Bee Journal. 124: 35-37.

Henrikson, R. (2009). Spirulina alimentar da terra. Ronore Enterprises, Inc., Hana, Maui, Hawaii.

Herbert, E. W. (1975). Effectiveness of artificial and synthetic diets in initiating and maintaining brood rearing in confined honey bees, Apis mellifera L. Ph.D. Dissertation, Entomology, University of Maryland, USA, pp. 177.

Herbert, E. W. (1992). Honey Bee Nutrition, pp. 197-224. In: The hive and the Honey Bee. J. M. (ed). Dadant e filhos, IIIinois. pp. 132.

Herbert, E. W. (1992). Honey bee nutrition. Em Graham: The Hive and the Honey Bee, J. M. (ed.). Dadant and Sons: Hamilton, Illinois. pp.197-233.

Herbert, E. W. (1999). The Hive and the Honey bee (A colmeia e a abelha). Graham, J.M. (Ed.). Honey bee Nutrition. Dadant and Sons. Hamilton, Illinois. pp. 197-233.

Herbert, E. W. e Shimanuki, H. (1977). Brood rearing capability of caged honey bees fed synthetic diets (Capacidade de criação de abelhas em gaiolas alimentadas com dietas sintéticas). Journal of Apicultural Research. 16: 150-153.

Herbert, E. W. e Shimanuki, H. (1978a). Consumo e criação de crias por abelhas melíferas em gaiolas alimentadas com substitutos de pólen enriquecidos com vários açúcares. Journal of Apicultural *Research.* 17: 27-31.

Herbert, E. W. e Shimanuki, H. (1978b). Necessidades minerais para a criação de crias por abelhas alimentadas com uma dieta sintética. *J. Apic. Res.* 17: 118-122.

Herbert, E. W. e Shimanuki, H. (1978c). Efeito das vitaminas lipossolúveis na criação de abelhas alimentadas com uma dieta sintética. *Ann. Entomol. Soc. Am.* 71: 689-691.

Herbert, E. W. e Shimanuki, H. (1979a). Preferências proteicas sazonais de colónias de abelhas em voo livre. *American Bee Journal.* 119(4): 298-299, 302.

Herbert, E. W. e Shimanuki, H. (1979b). Criação de crias e produção de mel por colónias de abelhas voadoras livres alimentadas com soro de leite, soro de leite e levedura ou xarope de açúcar. *American Bee Journal.* 119(2): 833-836.

Herbert, E. W. e Shimanuki, H. (1982). Effect of population density and available diet on the rate of brood rearing by honey bees offered a pollen substitute. *Apidologie*. 13: 21-28

Herbert, E. W. e Shimanuki, H. (1983b). Effects of mid-season change in diet on diet consumption and brood rearing by caged honey bees. *Apidologie* 14(2): 119-125.

Herbert, E. W. e Shimanuki, H. (1984a). Effects of pH of pollen and worker jelly on the incidence of European foulbrood in honeybee colonies in New Jersey. American Bee Journal. 124(2): 135-136.

Herbert, E. W., Shimanuki, H. e Caron, D. (1977). Abelhas melíferas em gaiolas (Hymenoptera : Apidae). Valor comparativo de algumas proteínas para iniciar e manter a criação de crias. *Apidologie*. 8(3): 229-235.

Herbert, E. W., Shimanuki, H. e Caron, D. (1977). Optimum protein levels required by honey bees (Hymenoptera: Apidae) to initiate and maintain brood rearing. *Apidologie*. 8: 141-146.

Herbert, E. W., Vanderslice, J. J., Higgs, D. J. (1984). Melhoria da vitamina C na criação de crias por abelhas enjauladas alimentadas com uma dieta quimicamente definida. *Arch. Insect Biochem. Physiol.* 2(1): 29-37.

Herbert, E. W., Vanderslice, J. T. e Higgs, D. J. (1985). Effect of vitamin C levels on the rate of brood production of free flying and confined colonies of honey bees. *Apidologie*. 16: 385-394.

Hitchcock, J. D. e Revel, I. L. (1963). The spread of American foulbrood by pollen trapped from bees' legs. *American Bee Journal*. 103: 220-221.

Hoover, S. E. R., Higo, H. A. e Winston, M. L. (2006). Worker honey bee ovarian development: seasonal variation and the influence of larval and adult nutrition. Journal of Comparative Physiology. 176: 55-63.

Hrassing, N. e Crailsheim, K. (1998). The influence of brood on the pollen consumption of worker bees (Apis mellifera L.). J. Insect Physiol. 44: 393-404.

Hrassnigg, N. e Crailsheim, K. (1998). Adaptação do desenvolvimento da glândula hipofaríngea ao estado de criação das colónias de abelhas melíferas (Apis mellifera L.). Journal of Insect Physiology. 44(10): 929-939.

Huang, Z. Y. e Otis, G. W. (1989). Factores que determinam a atividade da glândula hipofaríngea das abelhas operárias (Apis mellifera L.). Insectes Sociaux. 36: 264-276.

Hussein, M. H. (1979a). Atividade de criação de crias e produtividade de mel de colónias de abelhas melíferas em relação à alimentação com Vit. C, In: Simpósio sobre abelhas, Terceira Conferência Árabe sobre Pesticidas, Universidade de Tanta, Egito. pp. 9-15.

Hussein, M. H. (1981a). Proc. 4th Arab Pesticide Conf. Tanta Univ., Vol. Especial 367-375 (Apic. Abstracts 544/85).

Hussein, M. H. (1981b). Proc. 4th Arab Pesticide Conf. Tanta Univ., Vol. Especial 361-365 (Apic. Abstracts 545/85).

Hussein, M. H. (2000). A apicultura em África: Países do Norte, Leste, Nordeste e Oeste de África. Apiacta. 1: 33-48.

Hussein, M. H., Omar, M. O. M., Shoreit, M. N. e Abdel-Rahman, M. F. (2000). JKAU: Met., Env., Arid Land Agric. *Sci.* 11(1): 3-21.

Ibrahim, S. H. (1982). Preferência alimentar das abelhas melíferas e efeitos sobre o tempo de vida da alimentação com alguns tipos de açúcares. *Anziger fur Schadlingskunde, Pflanzenschutz, Umweltschutz.* 55: 101-103.

Iftikhar, F., Arshad, M., Rasheed, F., Amraiz, D., Anwar, P. e Gulfraz, M. (2010). Efeitos do mel de *Acácia* na cicatrização de feridas em vários modelos de ratos. *Investigação em fitoterapia.* 24(4): 583-586.

Imdorf, A., Rickli, M., Kilchenmann, V., Bogdanov, S. e Wille, H. (1998). Nitrogénio e constituintes minerais da criação de abelhas operárias durante a escassez de pólen. *Apidologie.* 29: 315-325.

Jachimowiez, T. e Ruttner, H. (1974). Utilização de açúcar invertido em vez de mel na alimentação das abelhas. *Bienenvater.* 95: 62-72.

Jaycox, E. R. (1969). *Apicultura na Faculdade de Agricultura da Universidade de Illinois, circ.* 1000.

Jeffree, E. P. (1951). Uma apresentação fotográfica do número estimado de abelhas melíferas (*Apis mellifera* L.) em favos em quadros de 14 por 8,5 polegadas. *Bee world.* 32: 89-91.

Jeffree, E. P. (1958). Uma grelha de arame moldado para estimar as quantidades de criação e pólen nos favos. *Bee World.* 58(3): 105-118.

Jimenez, D. R. e Gilliam, M. (1989). Age related changes in midgut ultrastructure and trypsin in honey bee, Apis *mellifera. Apidologie.* 20: 287-303.

Johansson, T. S. K. e Johansson, M. P. (1977). Alimentar as abelhas com pólen e substitutos do pólen. *Bee world.* 58: 105-118.

Kalev, H., Dag, A. e Shafir, S. (2002). Alimentação de colónias de abelhas com suplementos de pólen durante a polinização de pimentão em recintos fechados. *American Bee Journal.* 142(9): 675-679.

Kashkovskii, V. e Shushkov, D. (1963). A alimentação com pólen de mel é necessária? *Pchelovostovo.* 40: 11-13.

Baryczko, K. M. e Szymas, B. (2006). Melhoria da composição do substituto do pólen para a abelha melífera (*Apis mellifera* L.), através da implementação de preparações probióticas. *Journal of Apicultural Science.* 50(1): 15-23.

Keller, I., Fluri, P. e Imdorf, I. (2005a). Pollen nutrition and colony development in honey bees: part I. *Bee world.* 86(1): 3-10.

Keller, I., Fluri, P. e Imdorf, I. (2005b). Nutrição do pólen e desenvolvimento de colónias em abelhas melíferas: parte II. *Bee World.* 86: 27-34.

Kencharaddi, R. N., Reddy, M. S. e Bhat, N. S. (2003). Avaliação de novos suplementos de pólen para a gestão do período de escassez das colónias de abelhas indianas, Apis cerana Fab. Indian Bee Journal. 65: 7-20.

Khorvash, M., Ebadi, R. e Esmaili, M. (1995). Um estudo sobre diferentes tipos de açúcares naturais e sintéticos na nutrição da abelha melífera (Apis mellifera L.) e a possível substituição do açúcar refinado (sacarose) por eles. Apicata. 29: 20-25.

Kleinschmidt, G. J. e Kondos, A. C. (1976). A influência dos níveis de proteína bruta na produção de colónias. Aust. Beekeeper. 78: 36-39. (Citado por Pernal, S. F. e Currie, R. W. 2000. Apidologie. 31: 387-409).

Kolmes, S. A., Wisnton, M. L., e Fergusson, L. A. (1989). The division of labor among Honey bees (Hymenoptera: Apidae). The effect of multiple partilines. Journal of Kansas Entomology Society. 62: 80-95.

Komely, R. (1970). Uma forma de alimentar os substitutos do pólen. Gleanings in Bee culture. 998: 137-140.

Krell, R. (1996). Value added products from beekeeping. Organização das Nações Unidas para a Alimentação e a Agricultura, Roma.

Krol, A. (1993). Influência da vitamina B1 na dieta sobre o estado e o desenvolvimento das abelhas. Pszczelinicze Zeszyty. 37: 11-21.

Kumova, U. (2000). Um estudo sobre a determinação dos efeitos de diferentes métodos de alimentação das colónias de abelhas (Apis mellifera L.) no crescimento da colónia e na produção de mel. Terceiro Congresso Apícola da Turquia.

Kushwah, R. N. S. (1999). Caste specific modification in the structure of digestive system and the process of digestion in the honey bees. Tese de doutoramento, Universidade de Jiwaji, Gwalior, Índia.

Lakra, R. K. (2006). Actas da reunião de grupo do projeto coordenado pelo ICAR para toda a Índia sobre investigação e formação em abelhas melíferas, realizada em Thiruvathapuram (Kerala), 27-28 de janeiro, pp. 27.

Langridge, D. F. (1966). A successful protein supplement for honey bee. American Bee Journal. 106: 328-329.

Lehner, Y. (1983). Considerações nutricionais na escolha de fontes de proteínas e hidratos de carbono para utilização em substitutos do pólen para as abelhas. Journal of Apicultural Research. 22: 242-248.

Levin, M. D. e Haydak, M. H. (1957). Comparative value of different pollens in the nutrition of Osmialignaria. Bee World. 38: 211-226.

Lin, H. e Winston, M. L. (1998). O papel da nutrição e da temperatura no desenvolvimento ovariano da abelha operária (Apis mellifera). Canadian Entomologist. 130: 883-891.

Lindaruer, M. (1952). Ein Beitragzur Frage der Arbeitstellungim Bienenstaat. Z. Vegl. Physiol. 34: 299-345.

Loper, G. M. e Berdel, R. L. (1980). A nutritional bioassay of honeybee brood-rearing potential. Apidologie. 11: 181-189.

Lotmar, R. (1935). Podem as abelhas decompor o amido e a dextrina e utilizá-los como alimento? Bee World. 15: 34-36.

Lowry, O. H., Rosebrough, N. J., Farr, A. L. e Randall, R. J. (1951). Medição de proteínas com reagente de folina-fenol. Journal of Biological Chemistry. 193: 265-275.

Lunden, R. (1954). A short introduction to the literature on pollen chemistry. Syenskkeinetidskr. 66: 201-213.

Manninen, A. H. (2002). Protein metabolism in exercising humans with special reference to protein supplementation. Tese de Mestrado. Departamento de Fisiologia, Faculdade de Medicina, Universidade de Kuopio, Finlândia.

Manninen, A. H. (2004). Hidrolisados de proteínas no desporto e no exercício: Uma breve revisão. Journal of Sports Science and Medicine. 3: 60-63

Martynov, A. G. (1978). Alimentar as abelhas com açúcar no inverno e o estado das colónias no início do verão. In: Voprosy Promyshlennoi Tekhnologii Prizvodstva Produktov Pchelovodstva, Ryazan, URSS, pp. 143-156.

Mattila, H. R. e Otis, G.W. (2006a). Influence of pollen diet in spring on the development of the honey bee (Hymenoptera: Apidae) colonies. Journal of Economic Entomology. 99: 604-613.

Mattila, H. R. e Otis, G. W. (2007). A diminuição dos recursos de pólen desencadeia a transição para populações sem criação de abelhas melíferas de vida longa em cada outono. Ecological Entomology. 32: 496505.

Maurizio, A. (1946). Introduction au chapitre "Analyse du pollen" de la statistique des miels. Beiheftezur Schweizerischen Bienen-Zeitung I: 592-606.

Maurizio, A. (1950). The influence of pollen feeding and brood rearing on the length of life and physiological condition of the honey bee. Bee World. 31: 9-12. (Citado Crailsheim, K. e Stolberg, E. 1989. Journal of Insect Physiology. 35: 595-602.

Maurizio, A. (1954). Pollenernahrung and Lebensvortrangebei Honigbiene (Apis mellifera). Landwirtsch. Jahrb. Schweiz. 62: 115-182.

Maurizio, A. (1962). Da matéria-prima ao produto acabado: O mel. Mundo das abelhas. 53: 66-81.

Maurizio, A., Louveaux, J. (1965). Pollens de plantes mellifèresd' Europe, Uniondes Groupements Apicoles Français, Paris.

Michener, C. D. (1969). Comparative social behavior of bees. Ann. Rev. Entomol. 14: 299-342.

Michener, C. D. (1974). The social behavior of the bees, Harvard University press, Cambridge, Massachusetts. pp. 242.

Milne, C. P. (1980). Medição laboratorial da produção de mel nas abelhas melíferas. 1. Um modelo para o comportamento de acumulação das obreiras em gaiolas. *J. Apic. Res.* 19: 122-126.

Mishra, R. C. (1980). Digestive Physiology of honey bee, *Apis cerana indica. Proc. 2nd Internat. Conf. Apic. Trop. Climates, Nova Deli*, Índia. pp. 367-376.

Mishra, R. C. (1995). Social behavior of bees and related management practices, pp. 44-59, In: *Honey bees and their management in India. Kriski Anusandhan Bhawan, Pusa, Nova Deli*, pp. 168.

Mishra, R. C., Dogra, G. S. e Gupta, P. R. (1979). Apiculture activities in Himachal Pradesh (Actividades apícolas em Himachal Pradesh). *Indian bee J.* 41(3/4): 29-31.

Mishra, R. C., Rather, A. J. e Kumar, J. (1984). Experiências laboratoriais sobre a aceitação e o valor de sustento do açúcar, sumo de maçã e açúcar mascavado para *Apis cerana indica. Indian Bee Journal.* 46: 13-14.

Mishra, R. C. e S. K. Sharma. (1997/1998). Tecnologia para a gestão de *Apis mellifera* na Índia. In: R. C. Mishra (eds.) *Perspective in Indian Apiculture.* pp. 131-148.

Mladenovic, M., Mladan, V. e Dugalic-Vrndic, N. (1999). Efeito da preparação vitamínico-mineral no desenvolvimento e produtividade das colónias de abelhas. *Ata Veterinary.* 49: 177184.

Moeller, F. E. (1972). A recolha de pólen de milho pelas abelhas melíferas é reduzida pela alimentação com pólen na colmeia. American Bee Journal. 772: 210-212.

Moritz, R. e Crailsheim, K. (1987). Physiology of protein digestion in the midgut of the honey bee (Apis mellifera L.). Journal of Insect Physiology. 33: 923-931.

Morse, R. A. e Laigo, F. M. (1968). Substitutos de pólen e suplementos de pólen. Beekeeping in the Philippines, farm Bull. pp. 27.

Mostafa, A. M. (2000). Influência de alguns suplementos alimentares nos caracteres fisiológicos e na produtividade das abelhas. Tese de doutoramento, Universidade de Assiut. pp. 159.

Mullick, N. P. (1948). Alimentação das abelhas. Indian Bee Journal. 10: 3839.

Musa, F. H. E., Abdalla, M. R. e EL-Sarrag, M. S. A. (1989). Estudos sobre a alimentação das colónias de abelhas melíferas no Sudão. In: Actas da Quarta Conferência Internacional sobre Apicultura em climas tropicais. Cairo, Egito, novembro de 610, Londres, Reino Unido, IBRA: 27-28.

Muttoo, R. N. (1947). Comentário editorial sobre o artigo "Starvation of bees" (Ghatge, 1947). Indian Bee Journal. 9: 152.

Nabors, R. A. (1996). Utilização de uma mistura de diferentes açúcares para alimentar as abelhas. American Bee Journal. 136: 785-786.

Nabors, R. A. (2000). The effect of spring feeding pollen substitute to colonies of Apis mellifera. America Bee Journal. 140: 322-323.

Naiem, E. S., Hrassnigg e Crailsheim, K. (1999). As abelhas amas apoiam o desenvolvimento fisiológico das abelhas jovens (Apis mellifera L.). Journal of Comparative Physiology. 169: 271279.

Nandi, A. K., Basu, D., Das, S. e Sen, S. (1999). O elevado nível do gene do inibidor da tripsina da soja em plantas de tabaco transgénicas não conferiu resistência aos danos causados por Helicover paarmigera. II. T-BRFE. Biotek, Indian Institute of Technology, Kharagpur 721-302, Plant Molecular and Cellular Genetics, BoseInstitute, 1-12, CIT Scheme, VII-M, Calcutá, Índia.

Nielsen, N. (1955). Investigação sobre a composição química do pólen de algumas plantas. Ata Chemica Scandinavica. 9: 1100-1106.

Nuri, Q. e Mishenko, A. (1970). Efeito da alimentação (estimulante) na primavera no aumento da produção de cera e mel. Buletinishkencave Bujaesore. 9: 80-90.

Olsson, J. (1995). O problema da fuga na apicultura de Apis cerana no sul da Índia e a gestão para a sua prevenção. Indian Bee Journal. 57: 22-30.

Page, R. E. e Metcalf, R. A. (1984). A population investment sex ratio for the honey bee (Apis mellifera L.). Am. Nat. 124: 680-702.

Paramas, A. M. G, Barez, J. A. G, Marcos, C. C, Garcia-Villanova, R. J. e Sanchez J. S. (2006). Método HPLC-fluorimétrico para análise de aminoácidos em produtos da colmeia (mel e pólen de abelha). Food Chemistry. 95: 148-156.

Parker, R. L. (1926). The collection and utilization of pollen by the honey bee. Cornell Uni. Agric. Exp. Sta., Mem. 98: 1-55.

Parravelez, B. H. e Tobon, P. G. P. (2001). Avaliação biológica da qualidade nutricional do pólen. Carta Apicola. 13: 2-7.

Patriota, L. (1980). Números sobre o consumo alimentar no inverno. Des chiffressurla consummation hivernale. Revue Francaised Apiculture. 387: 292-294.

Pavlovsky, E. N. e Zarin, E. J. (1922). Sobre a estrutura do canal alimentar e seus fermentos na abelha (Apis mellifera L.). Quart. Journ. Micros. Sci. 263: 509-556.

Peng, T. S., Marston, J. M. e Kaftanoglu, O. (1984). Effect of supplemental feeding on honey bee (Hymenoptera: Apidae) population and the economic value of supplemental feeding for production of package bees. Journal of Economic Entomology. 77: 632-636.

Peng, Y. S. e Jay, S. C. (1976). The effect of diet on queen rearing by caged honeybees (O efeito da dieta na criação de rainhas por abelhas em gaiolas). Can. J. Zool. 54(7): 1156-1160.

Pernal, S. F. e Currie, R.W. (2000). Qualidade do pólen de dietas de pólen fresco e de pólen único com 1 ano de idade para abelhas operárias (Apis *mellifera* L.) *Apidologie*. 31: 387-409.

Pernal, S. F. e Currie, R. W. (2001). The influence of pollen quality on foraging behavior in honey bees (*Apis mellifera* L.) *Behavioral Ecology and Sociobiology*. 51: 53-68.

Pettis, J. (2008). Comparações de dietas de substituição de pólen para abelhas melíferas: consumo de pólen ou geleia como fonte de proteína para a oogénese. *Journal of Comparative Physiology*. 192: 761768.

Phillips, E. F. (1927). The utilization of carbohydrates by honey bees (A utilização de hidratos de carbono pelas abelhas). *Journal of Agricultural Research*. 35: 385-428.

Pokhrel, S. e Thapa, R. B. (2004). Dietas suplementares em relação à construção de favos de abelhas de raça cruzada. *J. Inst. Agric. Anim. Sci.* 25: 71-74.

Prakash, S., Bhat, N. S., Naik, M. I. e Hanumantha Swamy, B. C. (2007). Evaluation of Pollen Supplement and Substitute on Honey and Pollen Stores of Honey bee (*Apis cerana F.*). *Karnataka Journal of Agricultural Science*. 20(1): 155-156.

Purdie, J. D. e Doull, K. M. (1964). Alimentação proteica suplementar de abelhas melíferas num fluxo de mel deficiente em pólen. *The Australian beekeeper*. 66: 76-80.

Rafique, A. e Nasreen, M. (1984). Jaded Magasbani, *P. A. R. C.* pp. 346.

Raj, J. e Basavanna, G. P. C. (1983). Reconhecimento da rainha, criação e construção da colónia pela abelha indiana (Apis cerana indica). Proc. 2nd Int. Conf. Apic. Trop. Trop. New Delhi. pp. 378-384.

Rana, V. K., N. P. Goyal, e Gupta, J. K. (1996). Effect of pollen substitutes and two Queen system on royal jelly production in *Apis mellifera* L. *Indian Bee Journal*. 58(4): 203-205.

Robinson, F. A. e Nation, J. L. (1966). Gibberellic acid: effects of feeding in an artificial diet for honey bees. *Science. N. Y.* 152: 1765-1766.

Rogala, R. e Szymas, B. (2004). Valor nutricional para as abelhas do substituto do pólen enriquecido com aminoácidos sintéticos. Parte II. Métodos biológicos. *Journal of Apicultural Science*. 48: 2936.

Rogala, R. e Szymas, B. (2004). Valor nutricional para as abelhas do substituto do pólen enriquecido com aminoácidos sintéticos. *Journal of Apicultural Science*. 48(1): 19-27.

Rogala, R. e Szymas, B. (2005). Valor nutricional para as abelhas do substituto do pólen enriquecido com aminoácidos sintéticos. *Journal of Apicultural Science*. 48(1): 29-36.

Rosch, G. A. (1925). *Unter suchumgenuber die Arbeit stedllungen ImBienenstaat. I. Teil : Die Tatigkeitenimnormalen Bienenstaate und ihreBeziehungenzum Alter der Arbeitsbienen.*

Z. Vergl. Physiol. 2: 571-631.

Rosch, G. A. (1930). Untersuchumgenuber die ArbeitstedllungenI mBienenstaat. II. Teil: Die Tatigkeiten der Arbeitsbienenunter experimental veranderten Bedinungen Z. *Vergl. Physiol.* 12: 1-71.

Rosov, S. A. (1944). Consumo de alimentos pelas abelhas. *Bee world.* 25: 94-95.

Roulston, T. H. e Cane, J. H. (2000). Conteúdo nutricional do pólen e digestibilidade para animais. *Plant Systematics and Evolution.* *222:* 187-209.

Sabir, A. M., Suhail, A., Akram, W., Sarwar, G. e Saleem, M. (2000). Effect of some pollen substitutes diets on the development of *Apis mellifera* L. colonies. *Pakistan Journal of Biological Sciences.* 3(5): 890-891.

Saffari, A. M., Kevan, P. G. e Atkinson, J. L. (2004). Um promissor substituto do pólen para as abelhas melíferas. *American Bee Journal.* 144: 230-231.

Saffari, A. M., Kevan, P. G. e Atkinson, J. L. (2006). Feed-Bee: Um novo alimento para abelhas é adicionado ao menu. *Bee Culture.* 134, 1, ABI/INFORM, pp. 47-48.

Saffari, A. M., Kevan, P. G. e Atkinson, J. L. (2010). Consumo de três substitutos de pólen seco em apiários comerciais. *Journal of Apicultural Science.* 54: 5-11.

Saffari, A. M., Kevan, P. J. e Atkinson, J. (2010a). Consumo de três substitutos de pólen seco em apiários comerciais. *Journal of Apicultural Science.* 54(2): 13-20.

Saffari, A., Kevan, P. J. e Atkinson, J. (2010b). Palatabilidade e consumo de patty: pólen formulado e substitutos de pólen e seus efeitos no desempenho da colónia de abelhas. *Journal of Apicultural Science.* 54(2): 63-71.

Schafer, M. O., Dietemann, V., Pirk, C. W. W., Neumann, P., Crewe, R. M., Hepburn, H. R., Tautz, J. e Crailsheim, K. (2006). Individual versus social pathway to honey bee worker reproduction (*Apis mellifera*). pollen or jelly as protein source for oogenesis. *Journal of Comparative Physiology.* 192(7): 761-768.

Scheiner, R., Page, R. E. e Erber, J. (2004). Sucrose Responsiveness and behavioral plasticity in honey bees *(Apis mellifera). Apidologie.* 35: 133-142.

Schmickl , T. e Crailsheim , K. (2001). Canibalismo e fecundação precoce: Estratégia das colónias de abelhas melíferas em tempos de escassez experimental de pólen. *J. Comp. Physiol.* 187(7): 541-547.

Schmidt, J. O., Thoenes, S. C. e Levin, M. D. (1987). Survival of honey bees, *Apis mellifera* (Hymenoptera: Apidae) fed various pollen sources. *Ann. Ent. Soc. Am.* 80: 176-83.

Schmidt, J. O., Buchmann, S. L. e Glaim, M. (1989). O valor nutritivo da Typha latifolia para as abelhas. J. Apic. Res. 28: 155-165.

Schmidt, L. S., Schmidt, J. O., Rao, H. e Wang, W. (1995). Feeding preference and survival of young worker honeybees (Hymenoptera: Apidae) fed rape, sesame and sunflower pollen. Journal of Economic Entomology. 88: 1591-1595.

Schmidt, J. O. e Hanna, A. (2006). Chemical nature of phagostimulants in pollen attractive to honey bees. Journal of Insect Behaviour. 19: 521-32.

Seeley, T. D. (1982). Adaptive significance of the age polyethism schedule in honeybee colonies. Behav. Ecol. Sociobio. 11: 287-293.

Seeley, T. D. (1985). Honey bee ecology. Princitone University Press, New Jersey.

Seeley, T. D. e Mikheyev, A. S. (2003). Decisões reprodutivas das colónias de abelhas: ajustando o investimento na produção masculina em relação ao sucesso na aquisição de energia. Insects Soc. 50: 134-138.

Sevast, Yanov, V. D. e Shpakova (1958). Experiências sobre a alimentação das abelhas com sumo de maçã. Pchelovostva. 5: 18-19.

Severson, D. W. e Erickson, E. H. (1984). Variação quantitativa e qualitativa no néctar floral de cultivares de soja (Glycine max) no sudeste de Misouri. Environ. Entomol. 13: 1091-1096.

Severson, D. W. e Erickson, E. H. (1984). Honey bee (Hymenoptera: Apidae) colony performance in relation to supplemental carbohydrates. Journal of Economic Entomology. 77: 1473-1478.

Shah, A. M. (1980). Beekeeping in Kashmir (Apicultura em Caxemira). Proc. Int. Conf. Apic. Trop. Clima; 2: 197-204. Nova Deli, ICAR, Publ.

Shah, F. A. e Shah, T. A. (1976). A note on the bee activity and bee flora of Kashmir. Indian Bee J. 38: 29-33.

Shah, F. A. e Shah, T. A. (1979). Utilização de suplemento de pólen em colónias de Apis cerana em Caxemira. Indian Bee Journal. 41: 24-25.

Sharma, N. (2002). Estudos sobre os factores que influenciam a população de colónias e a produção de mel em Apis cerana F. em condições de meia montanha de Himachal Pradesh. Tese de doutoramento. Dr. Y. S. Parmar University of Horticulture and Forestry, Nauni Solan. pp. 128.

Sharma, R. e Gupta, J. K. (2006). Formulação de uma dieta de substituição de pólen para abelhas melíferas utilizando farinha de soja disponível no mercado e sua aceitação utilizando diferentes métodos de alimentação. Pest Management and Economic Zoology. 14: 95101.

Shoemaker David, P., Garland Carl, W. e Nibler Joseph, W. (2009). Experiências em físico-química. 8th Nova Iorque: MeGraw Hill Higher Education. ISBN 978-0-07-282842-9.

Sheeley, B. e Poduska, (1968). Supplemental feeding of honey bees-colony strength and pollination results. American Bee *Journal.* 108: 357-359.

Shimanuki, H. e Herbert, E. W. J. (1986). Uma dieta proteica artificial para colónias de abelhas. *Proc. XXX Int. Congr. Apic.* pp. 33034. Nagoya, Japão.

Shoreit, M. N. e M. H. Hussein (1993). Egito. *J. Appl. Sci.* 8(6): 366-375.

Siddiqui, I. R. e Furgala, B. (1967). Isolamento e caraterização de oligossacáridos do mel. Parte I. Dissacarídeos. *Journal of Apicultural Research.* 6: 139-145.

Siddiqui, I. R. e Furgala, B. (1968). Isolamento e caraterização de oligossacáridos do mel. Parte II. Trisaccarídeos. *Journal of Apicultural Research.* 7: 51-59.

Sihag, R. C. e Gupta, M. (2011). Desenvolvimento de uma dieta artificial de substitutos/suplementos de pólen para ajudar a manter as colónias de abelhas melíferas (*Apis mellifera* L.) durante a época de escassez. *Journal of Apicultural Science.* 55: 15-29.

Silva, E. C. A. D. A. e Silva, R. M. B. D. A. (1985). Alimentação estimulante de abelhas melíferas combinada com um suplemento proteico e seu efeito na produção de mel. Alimentacaoestimulante de abelhassuplementoda com proteina e seuefeitonaproducao de mel. Boletim de Industria Animal. 42: 255-263.

Singh, S. (1943b). Maneio das abelhas: Manejo das abelhas durante o fluxo de mel. Indian

Bee Journal. 5: 41-44.

Singh, G. (2008). Influência do substituto do pólen suplementado com vitaminas no desenvolvimento de colónias de Apis mellifera Linnaeus. Tese de mestrado, Universidade Agrícola de Punjab, Ludhiana, Índia.

Singh, J. (2009). Influência do pólen, substituto do pólen e fagostimulantes na fisiologia nutritiva e de desenvolvimento de Apis mellifera L. Tese de doutoramento, Universidade Agrícola de Punjab, Ludhiana, Índia.

Singh, S. (1962). Beekeeping in India. Conselho de Investigação Agrícola, Nova Deli. pp. 214.

Singh, Y. e Verma, S. K. (1983). Observação preliminar sobre os efeitos da alimentação com antibióticos das colónias de Apis cerana indica F. Indian Bee Journal. 45: 110.

Slabezki, Y., Efrat, H., Kamer, Y., Reikin, S., Horesh, Y. e Horesh, Y. (2001). Aplicação de suplementos de pólen durante períodos de escassez no apiário. Yalkut Hamichveret. 44: 56-61.

Sols, A., Cadenas , E. e Alvarado, F. (1960). Enzymatic basis of mannose toxicity in honey bees. Science. 131: 297-298.

Somerville, D. (2000). Honey bee nutrition and supplementary feeding. Agnote DAI/178. NSW Agriculture.

Srivastava, B. G. (1996). Necessidades nutricionais das abelhas melíferas: preparação de uma dieta de substituição do pólen. In: Conferência Nacional de Intercâmbio Apícola. 29-30 de maio de 1996, Universidade de Agricultura de Punjab, Ludhiana. pp. 17-18.

Standifer, L. N. (1967). A comparison of the protein quality of pollens for growth stimulation of the hypopharngeal glands and longevity of honey bees, Apis mellifera L. (Hymenoptera: Apidae). *Insectes Soc.* 14: 415-426.

Standifer, L. N. (1980). Honey bee nutrition and supplement feeding. *In: Beekeeping in the United States. USDA, Agric. Handbook No. 335.*

Standifer, L. N., Mc Caughey, W. F., Todd, F. E. e Kemmerer, A. R. (1960). Relative availability of various proteins to the honey bee. *Annuals of Entomological Society of America.* 53: 618-625.

Standifer, L. N., Waller, G. D., Levin, M. D., Haydak, M. H. e Mills, J. P. (1970). Effect of supplementary feeding and hive insulation on brood production and flight activity in honey bee colonies. *American Bee Journal.* 110: 224-225.

Stadinfer, L. N., Owens, C. D., Haydak, M. H., Mills, J. P. e Levin, M. D. (1973). Alimentação suplementar de colónias de abelhas melíferas no Arizona. *Amer. Bee J.* 113(8): 298-301.

Standifer, L. N., Haydak, M. H., Mills, J. P. e Levin, M. D. (1973a). Value of three protein ratios in maintaining honey bee colonies in outdoor flight cages. Journal of Apicultural *Research.* 12: 137-143.

Standifer, L. N., Waller, G. D., Levin, M. D., Haydak, M. H. e Mills, J. P. (1973b). Value of three protein rations in maintaining honey bee colonies in outdoor flight cages. *Journal of Apicultural Research.* 12: 137-43.

Standifer, L. N., Moeller, F. E., Kauffeld, N. M., Herbert, E. W. J. e Shimanuki, H. (1977). Alimentação suplementar de colónias de abelhas melíferas. *Ann. Entomol. Soc. Amer.* 70: 91-

693.

Standifer, L. N., Moeller, F. E., Kauffeld, N. M., Herbert, E. W. J. e Shimanuki, H. (1978). Alimentação suplementar de colónias de abelhas melíferas. *Agricultural Information Bulletin United States, Department of Agriculture*. 413: 1-8.

Stanley, R. G. e Linskens, H. F. (1974). Pollen: Biology, Biochemistry, Management. *Springer, Nova Iorque*.

Steve, C. (1981). Nutrição e produção de leite de soja. *Food ind. Mon.*, 13(4).

Stranger, W. e laidlaw, H. H. (1974). Alimentação suplementar de abelhas melíferas (*Apis mellifera* L.). *American Bee Journal*. 114(4): 138-141.

Stranger, W. e Grip, R. H. (1972). Commercial feeding of honey bees. *American Bee Journal*, 112: 417-418.

Stroikov, S. A. (1966). Digestibilidade dos substitutos do pólen pelas abelhas. Pchelovodstvo. 84: 32-33.

Stute, K. (1958). Chá de abelha a partir de casca de laranja tratada. Bienenwelt. 9: 145-147.

Szymas, B. (1976). Histologiczna ocean zmian nablonka jelita srodkowego pszczol miodnych Sywionych namiastkami pylku. Rocz. AR Pozn.88, Zoot. 22: 141-147.

Taber, S. (1973). Influence of pollen location in the hive on its utilization by the honey bee colony. Journal of Apicultlral Research. 12: 17-20.

Taber, S. (1978). A criação de abelhas melíferas quando se precisa delas. Am. Bee J. 118(6): 408-411.

Temnov, V. A. (1958). Composição e toxicidade do orvalho do mel. In: XVII-Th International Beekeeping Congress, Roma, Itália. pp. 117.

Tietze, H. W. (2004). Spirulina (Micro food macro blessing fourth edition).

Thakar, C. V. e Shende, S. G. (1962). Padrão de gestão para apiários experimentais. Indian Bee J. 24: 92-101.

Todd, F. E. (1940). Estimulação da criação. Boletim informativo. Bureau of Entomology and Plant Quarantine. 7: 32-33.

Todd, F. E. e Bretherick, O. (1942). The composition of pollens. Journal of Economic Entomology. 35: 312-316.

Verma, S. K. e Phogat, K. P. S. (1982). Estudos sobre o efeito da vitamina C solúvel em água nas actividades de criação e construção de favos da abelha operária (Apis cerana indica F.). *Indian Bee Journal*. 44: 73.

Vivino, E. A. e Palmer, L. S. (1944). Composição química e valor nutritivo do pólen. *Archives of Biochemistry*. 4: 129136.

Wahl, O. (1954). Untersuchungen uber den nahrwert von pollenersatzmittein fur die Honigbiene. *Insectes Soc.* 1: 258292

Wahl, O. (1963). Investigação comparativa do valor nutritivo do pólen, levedura, farinha de soja e leite em pó para a abelha melífera. *Ztschriftfuerbieneforch.* 6: 209-280.

Wakhle, D. M., Phadke, R. P. e Nair, K. S. (1983a). Estudo da atividade enzimática do pólen e das abelhas melíferas (*Apis cerana indica* F.). *American Bee Journal*. 123(6): 437.

Wakhle, D. M., Phadke, R. P. e Nair, K. S. (1983b). Estudo da atividade enzimática do pólen e das abelhas melíferas (*Apis cerana indica* F.). *Indian Bee Journal*. 45: 3-5.

Waller, G. D., Haydak, M. H. e Levin, M. D. (1970). Aumentando a palatabilidade dos substitutos do pólen. *American Bee Journal.* 110: 302-304.

Waller, G. W. (1972). Avaliação das respostas das abelhas à solução açucarada utilizando um alimentador artificial de flores. Annals of Entomological Society of America. 65: 857-862.

Weaver, N. (1964). Um substituto do pólen para as colónias de abelhas melíferas. Glean Bee Culture. 92: 550-53.

Weaver, N. e Kuiken, K. A. (1951). Quantitative analysis of the essential amino acids of royal jelly and some pollens (Análise quantitativa dos aminoácidos essenciais da geleia real e de alguns pólenes). Journal of Economic Entomology. 44: 635-638.

Wheeler, D. (1996). O papel da alimentação na oogénese. Revisão Anual de Entomologia. 41: 407-431.

Whitcomb, W. J. e Wilson, H. F. (1929). Mecânica da digestão do pólen pela abelha adulta da colmeia e a relação das partes não digeridas com a disenteria das abelhas. Wis. Res. Bull. 92: 127.

White, J. W. (1957). A composição do mel. Bee World. 38: 57-66.

White, J. W. (1963). Honey. Em Grout, R. A. (ed.) The Hive and the Honey Bee. pp. 369-406. Dadant and Sons, Hamilton.

White, J. W. (1975). Mel, pp. 491-530. In: The Hive and the Honey bee, Dadant and Sons (eds), Illionois. 740p.

Wilson, G. P., Church, K. R. e Schoknecht, P. A. (2005). Nutrição e alimentação animal básica. 5th Ed. John Wiley & Sons, Hoboken, NJ.

Winston, M. L., Chalmers, W. T. e Lee, P. C. (1983). Substitutos do pólen na mortalidade da ninhada e na duração da vida adulta da abelha melífera. *Journal of Apicultural Research.* 22: 49-52.

Woyke, J. (1976). Brood-rearing efficiency and absconding in Indian honeybees. *J. apic. Res.* 15(3/4): 133-143.

Yilmaz, h. K. (2012). A composição proximal e o crescimento da blomassa *de Spirulina platensius* (*Arthrospira platensis*) em diferentes temperaturas. *Journal of Animal and veterinary Advances.* 11(8): 1135-1138.

Zaytoon, A. A., Matsuka, M. e Sasaki, M. (1988). Eficiência dos substitutos do pólen numa colónia de abelhas: efeito do local de alimentação na produção de geleia real e de rainhas. *Applied Entomology and Zoology.* 23: 481-483.

Zherebkin, M. V. e Martynov, A. G. (1977). Efeito da alimentação das abelhas com açúcar no seu desenvolvimento e produtividade. Doklady Vsesoyuznoy AkademiiSel's kokhozyaistvennykh *Nauk em VILenina.* 9: 30-31.

Zmarlicki, C. e Marcinkowski, J. (1979). Effect of spring stimulative feeding on the development and honey production of honey bee colonies. *Pszczelnicze Zeszyty Naukowe.* 23: 43-52.

I want morebooks!

Buy your books fast and straightforward online - at one of world's fastest growing online book stores! Environmentally sound due to Print-on-Demand technologies.

Buy your books online at
www.morebooks.shop

Compre os seus livros mais rápido e diretamente na internet, em uma das livrarias on-line com o maior crescimento no mundo! Produção que protege o meio ambiente através das tecnologias de impressão sob demanda.

Compre os seus livros on-line em
www.morebooks.shop

Printed by Books on Demand GmbH, Norderstedt / Germany